LOS PILARES
DE LA CREACIÓN

Dirección de arte y elaboración de cubierta
CELIA ANTÓN SANTOS

Diseño y maquetación
JORGE DÍAZ RUIZ

Traducción
FRANCISCO MANUEL VÁZQUEZ CARRACEDO

Responsable editorial
EVA MARGARITA GARCÍA

Título original: *Pillars of Creation: How the James Webb Telescope Unlocked the Secrets of the Cosmos*
Published by Little, Brown and Company, division of Hachette Book Group

© EDICIONES OBERON (G.A.), 2025
Valentín Beato, 21. 28037 Madrid
Depósito legal: M.7104-2025
ISBN: 978-84-415-5197-8
Impreso en España

PAPEL DE FIBRA
CERTIFICADA

LOS PILARES DE LA CREACIÓN

EL TELESCOPIO ESPACIAL JAMES WEBB Y LOS SECRETOS DEL COSMOS

RICHARD PANEK

OBERON

Para Meg,
con amor

I'm looking at the river
But I'm thinking of the sea

(Estoy mirando el río
pero pienso en el mar)

Randy Newman

Índice

Prólogo

Un mensaje de la NASA aparece en su bandeja de entrada: *Tus datos llegarán el próximo mes*. Unos días después recibe un nuevo correo: *Tus datos llegarán la próxima semana*. Pasa el tiempo y, por fin, ahí está: *Tus datos llegarán el domingo*.

Ese domingo de enero de 2023, sin embargo, Rebecca Larson estará en un avión con destino a Seattle para asistir al congreso semestral de la Sociedad Astronómica Estadounidense.

¿Llegarán los datos antes de que despegue el avión?

No tiene esa suerte.

¿Durante el vuelo, quizás?

Tampoco.

¿Y durante la escala en Denver?

¡Sí! Pero hay un problema: son datos sin tratar. Gigabytes y gigabytes de datos que, en su mayor parte, no tienen ningún interés para ella. Pero algo es algo. Al menos ahora tiene un filón en el que buscar información durante el resto del viaje. Tanto ella como Taylor Hutchison, otra astrónoma amiga suya que también va al congreso, se vuelcan sobre sus portátiles, pero hay más datos de los que puede soportar la internet del aeropuerto. Además, lo que necesitan son los datos procesados: el mismo filón, pero libre de impurezas.

¿Llegarán antes de que aterricen en Seattle? No. ¿Cuándo estén en el hotel? Tampoco. ¿En el Starbucks de la esquina, mientras matan el tiempo hasta que empiece la fiesta de bienvenida?

Sí.

Envían un mensaje de texto a Dan Coe, el investigador principal del proyecto. También él ha visto el correo y propone una reunión con el resto del grupo en la recepción del hotel oficial del congreso, donde se aloja. Por lo menos, es de esperar que la conexión a internet sea mejor allí.

Los miembros del grupo se sientan en torno a una mesita en la recepción. Han estado observando una galaxia que se remonta a unos 400 millones de años después del Big Bang con la esperanza de demostrar que, a pesar de la colosal distancia en el espacio y en el tiempo, los instrumentos del nuevo telescopio pueden detectar las líneas correspondientes a emisiones; es decir, la composición química de la galaxia.

Pero Coe no tiene buenas noticias. Un miembro del grupo en Copenhague ya ha analizado los datos y ha descubierto que no contienen ninguna información, solo «ruido»: una señal estática que podría proceder de otra fuente lumínica y enmascara por completo la luz de la galaxia que están estudiando.

La noticia es recibida con suspiros de resignación y alguna que otra lagrimilla. Cunde el desánimo. Coe gira su portátil para que todos puedan ver el gráfico que ha recibido.

Larson y Hutchison miran atentamente la pantalla. Son expertas en identificar datos de este tipo y dominan la técnica de separar líneas de emisión del ruido de fondo. Llevan años haciéndolo.

«Justo lo que pensaba», exclama Larson. «Aquí hay líneas».

Hutchison asiente. «Ahí», dice mientras señala un punto en la pantalla. «Eso de ahí es una línea».

Coe duda. *¿Estáis seguras?*

Larson le promete pasar los datos procesados por su propio programa de análisis para que pueda verlo por sí mismo.

En cualquier caso, eso tendrá que esperar. Ahora deben unirse a los demás astrónomos que abarrotan la recepción de camino a la fiesta que va a celebrarse al otro lado de la calle. Pero Coe no puede contener la impaciencia. Se acerca a Larson y le pregunta: *¿De verdad crees que hay líneas de emisión?*

Sí.

Repite la pregunta mientras toman un aperitivo: *¿De verdad crees que hay líneas de emisión?*

Sí.

Y lo vuelve a hacer durante la cena: misma pregunta, misma respuesta.

Después de cenar, mientras toman algo en un bar con otros astrónomos, Larson resuelve fácilmente un problema de programación de uno de ellos y, de paso, genera una imagen que su colega podrá usar en un comunicado de prensa. El portátil circula de mano en mano y todo el mundo felicita a Larson, pero ella tiene sus propios problemas que resolver. Así que vuelve al hotel, sube a su habitación y se deja caer sobre la cama.

Lleva dieciocho horas sin dormir. No ve el momento de apagar la luz y cerrar los ojos.

Pero se incorpora con un suspiro, abre su portátil y empieza a trabajar.

Al fin y al cabo, nadie dijo que ver el principio del espacio y el tiempo fuera a ser fácil.

«La historia de la astronomía», escribió el astrónomo estadounidense Edwin Hubble en 1936, «es una historia de horizontes cada vez más lejanos».

Así es como funciona la ciencia, al menos metafóricamente: cada generación hereda de la anterior un horizonte y tiene que encontrar la forma de atravesarlo.

Pero esa historia tiene dos caras: por un lado está la curiosidad y, por otro, las herramientas para satisfacerla. Este juego de acción y reacción entre visión y misión, entre ambición intelectual e innovación tecnológica, entre lo que queremos saber y los medios de que disponemos para conseguirlo, no es exclusivo de la astronomía. Es algo que sucede cada vez que una generación mira por el microscopio y se pregunta qué podría ver a una escala aún más pequeña, o cuando una generación desarrolla un acelerador de partículas mientras trata de imaginar lo que descubriría si el colisionador tuviera más energía.

Lo que ocurre es que, en astronomía, los horizontes son algo más que una metáfora.

Desde el momento en que Galileo orientó su rudimentario telescopio hacia el cielo nocturno en 1609, los astrónomos no han dejado de encontrar nuevos horizontes. Galileo descubrió satélites girando en torno a un planeta. Más adelante, otros astrónomos vislumbraron nuevos satélites alrededor de otros mundos. Luego encontraron dos planetas más y se dieron cuenta de que también tenían satélites. Vieron estrellas que eran invisibles al ojo humano y manchas borrosas en las que ni siquiera los telescopios más potentes podían penetrar a principios del siglo XX. Fue el propio Edwin Hubble quien, en la década de 1920, determinó que esas manchas borrosas eran «universos islas», galaxias similares a la Vía Láctea. En los años 90, el telescopio que lleva su nombre descubrió que el universo estaba repleto de galaxias hasta donde sus instrumentos le permitían ver, y probablemente más allá; más allá en el universo pero también en el pasado, puesto que la luz necesita tiempo para llegar a nosotros.

¿Hasta qué distancia en el espacio? ¿Y hasta qué momento en el tiempo?

Antes incluso del lanzamiento del telescopio espacial Hubble en 1990, ya se estaba trabajando en el que sería su sucesor, el telescopio espacial James Webb. En ese momento de la historia de la astronomía, nadie sabía exactamente qué horizontes descubriría el telescopio Hubble. Pero los astrónomos tenían la seguridad de que encontraría *algún* horizonte nuevo; un horizonte que despertaría la curiosidad de la siguiente generación de astrónomos y que solo se podría atravesar con herramientas aún más potentes.

Esa esperanza estaba muy presente en el nombre original del telescopio James Webb, que en un principio se iba a llamar *telescopio espacial de la próxima generación*. Y sin embargo faltó muy poco para que no llegara nunca a la siguiente generación. Con miles de millones de dólares de sobrecoste y más de un lustro de retraso sobre el plazo previsto, el telescopio incurrió en la ira del Congreso de los Estados Unidos y el proyecto fue abandonado por completo durante un breve período de 2011.

Finalmente, el Congreso concedió una moratoria y el telescopio fue lanzado con éxito el 25 de diciembre de 2021, tras otra década de constantes retrasos y un sobrecoste cada vez más elevado. En las semanas posteriores al lanzamiento, el telescopio fue sometido a cientos de pruebas tecnológicas que, de no haberlas superado, podrían haber dado al traste con la misión. Una vez alcanzada su posición, a 1,5 millones de kilómetros de la Tierra, el telescopio estaba listo para funcionar.

En febrero de 2022 empezó a transmitir datos al centro de control en Baltimore, donde ingenieros y astrónomos debían hacer los ajustes técnicos precisos para que el telescopio pudiera realizar labores científicas. Los datos recibidos durante aquellas primeras semanas les dijeron todo lo que necesitaban saber.

Primero fueron ceros y unos binarios; luego, la conversión de esos ceros y unos con algoritmos apropiados; más tarde, la generación de ondas en gráficos para medir los movimientos y la metalicidad de objetos celestes; y, por fin, la creación de imágenes de satélites, planetas, estrellas y galaxias que pueblan el universo desde *aquí al lado* y *ahora mismo* hasta *muy lejos* y *hace mucho tiempo*.

Esto va a funcionar, se dijeron incrédulos unos a otros mientras reían aliviados. *Va a funcionar mejor de lo que pensábamos.*

Las primeras imágenes del Webb se hicieron públicas durante un acto celebrado en la Casa Blanca el 11 de julio de 2022. En ellas se veían estrellas de la Vía Láctea surgiendo de una masa de gas y polvo, un conjunto de cinco galaxias en danza gravitatoria y un «campo profundo» que contenía decenas de miles de galaxias.

Pero la imagen que más cautivó la imaginación del público durante los primeros meses de funcionamiento del Webb fue tal vez la de los llamados «Pilares de la Creación», una actualización de la célebre fotografía obtenida por el telescopio espacial Hubble en 1995: dos torres de gas y polvo en el corazón de un nebuloso conjunto de estrellas a unos 66 billones de kilómetros de la Tierra, como un doble zigurat en el que nacerán estrellas y se formarán planetas durante millones y millones de años.

No tardaron en aparecer otras maravillas. Y no solo imágenes, sino descubrimientos que iban atravesando horizontes uno tras otro. En nuestro sistema solar: agua en lugares insospechados. En otros sistemas estelares de nuestra galaxia: presencia de elementos y compuestos químicos potencialmente compatibles con la vida. En cientos de miles de millones de otras galaxias: nuevas ideas sobre la evolución del universo. En el universo primigenio, inaccesible hasta entonces: observaciones que ponen en duda lo que creíamos saber sobre nuestros orígenes cósmicos.

Y la maravilla de las maravillas o, al menos, la que hizo posibles todas esas imágenes y descubrimientos: el telescopio que, en la autorizada opinión de los científicos, es en sí mismo un auténtico pilar de creación.

PARTE I

VISIÓN Y MISIÓN

1

Visión

Estaba seguro de que era una gran idea. De anchas espaldas y mirada burlona, a Riccardo Giacconi le gustaba empezar la jornada laboral con algún anuncio grandilocuente sobre un futuro que nadie más que él podía ver. Algunas de sus grandes ideas eran aceptadas al momento, durante reuniones improvisadas en su amplio despacho con vistas al terraplén cubierto de árboles que descendía hasta el arroyo Stony Run. Otras encontraban más resistencia entre los miembros de su equipo. A veces, el propio Giacconi era el primero en descartarlas. Si alguno de sus colaboradores le presentaba argumentos convincentes, no tenía ningún problema en reconocer que se había equivocado.

En esta ocasión, su gran idea era que el centro que dirigía, el Instituto de Ciencias del Telescopio Espacial (STScI, o simplemente «el Instituto») en los confines del campus de la Universidad Johns Hopkins en Baltimore, debía empezar a pensar en un sucesor para el telescopio espacial Hubble.

Fue una de esas ideas que encontraban resistencia, aunque solo después de darse un tiempo para pensar. En un primer momento, Garth Illingworth, subdirector del Instituto, se limitó a mirar a su jefe. El Hubble acaparaba todo su tiempo y era lo único en lo que trabajaban todos en el Instituto de Ciencias del Telescopio Espacial. De hecho, para eso se había creado el Instituto: para preparar el lanzamiento del Hubble en 1990. Y todavía faltaban cinco años.

«Pero...», respondió al fin Illingworth, «no tenemos tiempo para eso». *Está loco*, pensó para sí.

Pero luego recordó que su jefe había comenzado a pensar en telescopios espaciales cuando ni siquiera existían, más de un cuarto de siglo atrás; casi tanto tiempo como llevaba la humanidad en el espacio. La era espacial había empezado en el otoño de 1957 con el lanzamiento por la Unión Soviética del satélite Sputnik 1, el primer objeto artificial que orbitó sobre la Tierra. En el contexto de la carrera espacial, el Sputnik era el equivalente a la primera bala disparada en Fuerte Sumter, la batalla que dio inicio a la guerra de Secesión. En los años 60, Giacconi había participado en el diseño de telescopios que pudieran funcionar fuera de la atmósfera terrestre. Incluso había dirigido el proyecto de un satélite que reveló la existencia en el universo de misteriosas fuentes de rayos X, unas emisiones de alta energía que habían dejado perplejos a los astrónomos y que, dos décadas más tarde, seguían siendo difíciles de explicar. Si alguien podía ser considerado un experto en la logística de la astronomía desde el espacio, ese era Giacconi.

Así que Illingworth decidió no cerrarse a ninguna posibilidad.

Giacconi le expuso su razonamiento. Una vez lanzado, explicó, el telescopio Hubble podría funcionar durante unos diez años, quince como mucho. Aunque empezaran a pensar en su sucesor esa misma mañana y en ese mismo despacho, el siguiente telescopio tardaría al menos otros quince años en abandonar la plataforma de lanzamiento. Estaba claro: si el objetivo era tener un nuevo telescopio que pudiera estudiar lo que descubriera el Hubble (¿y qué astrónomo de la generación Hubble no querría tener su propio telescopio espacial?), había que ponerse manos a la obra *ya*.

Esa misma mañana. En *ese mismo* despacho.

Vale, admitió Illingworth para sus adentros. *Tal vez no esté* completamente *loco*.

Desde hace 400 años, cada generación de astrónomos ha vivido en un universo nuevo. El universo podía ser nuevo porque los astrónomos veían más satélites que los de la generación anterior, o tal vez porque veían más planetas, o porque podían ver más estrellas o galaxias. Pero solo en dos ocasiones ha surgido un universo nuevo porque la *forma de verlo* era nueva.

La primera vez que eso ocurrió fue una tarde de otoño de 1609, cuando un profesor de matemáticas de la Universidad de Padua salió al jardín de su casa con un extraño instrumento que poco antes había llamado su atención. Consistía en un tubo de plomo con una lente de vidrio en cada extremo y con él se podían ver objetos distantes como si estuvieran muy próximos.

Galileo Galilei ya sabía lo que podía hacer ese instrumento con objetos que estaban sobre la superficie terrestre. Solo unas semanas antes había presentado un modelo de menor potencia a los gobernantes venecianos, llevándolos hasta lo alto de una torre para que vieran el milagro con sus propios ojos: campanarios que parecían estar al alcance de la mano y buques extranjeros cuyas banderas se podían reconocer antes de que entraran en puerto. Su recompensa fue el equivalente a una plaza fija en la universidad.

Pero ahora quería saber cómo funcionaría el instrumento con objetos que *no* estuvieran sobre la superficie terrestre. Así que lo orientó hacia el cielo, puso un ojo en la lente del extremo inferior y, de pronto, descubrió que podía ver lo que había sido invisible hasta entonces.

Tenemos que investigar las cosas «aunque sea de lejos», dejó escrito Aristóteles hacía cerca de dos milenios en su obra *De Caelo* (*Acerca del cielo*); «lejos, por cierto, no en cuanto al lugar, sino más bien en cuanto al hecho de que tenemos percepción de muy pocas de las propiedades de aquellas cosas» (los cuerpos celestes). El *perspicillum* («tubo de perspectiva», que las generaciones futuras llamarían telescopio) de Galileo eliminó esa distancia haciendo algo que no había hecho ningún otro instrumento en la historia de la civilización: amplió el alcance de uno de nuestros cinco sentidos y, de ese modo, cambió por completo nuestra *forma de ver*.

Hasta entonces, los astrónomos definían *ver* como percibir algo *a simple vista*. A partir de aquella tarde de 1609, la definición pasaría a incluir también todo lo que el ojo pudiera percibir con la ayuda de un *telescopio*, un instrumento basado en la manipulación de la luz.

En los siglos posteriores al hallazgo de Galileo, los astrónomos aprendieron a manipular la luz de manera cada vez más eficaz. Se dieron cuenta de que, si alteraban la longitud del tubo y la forma de las lentes en sus extremos, podían controlar la *refracción* (la curvatura y, por tanto, el enfoque) de la luz. Más tarde descubrieron que cambiar las lentes por espejos les permitía controlar también la *reflexión* (la captación y, por tanto, la cantidad) de la luz.

A mediados del siglo XX, sin embargo, una nueva generación de astrónomos (la generación de Riccardo Giacconi) empezó a sospechar que lo que debía cambiar era el propio concepto de luz.

La idea de que la luz podía ser algo más de lo que percibimos con los ojos no era ninguna novedad. En 1800, el astrónomo angloalemán William Herschel hizo pasar luz a través de un prisma para repetir el experimento que ya había hecho Isaac Newton, pero esta vez colocó termómetros en los segmentos del espectro de colores desde el violeta hasta el rojo. Así pudo comprobar que los termómetros medían distintas temperaturas, algo que más o menos se esperaba gracias a sus estudios de óptica. La temperatura más baja se daba en el extremo violeta del espectro y luego subía hasta llegar al rojo. Pero más allá del rojo, en una región del espectro en la que el ojo no percibía ningún color, la temperatura seguía aumentando. «El calor radiante», concluyó Herschel, «consistirá al menos en parte, si no principalmente, en luz invisible, si se me permite la expresión».

EL ESPECTRO ELECTROMAGNÉTICO
Penetración en la atmósfera terrestre

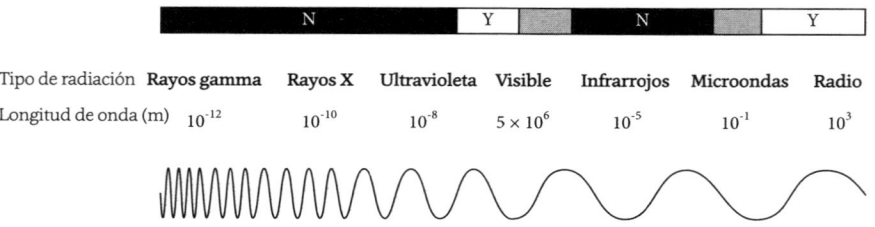

Tipo de radiación	Rayos gamma	Rayos X	Ultravioleta	Visible	Infrarrojos	Microondas	Radio
Longitud de onda (m)	10^{-12}	10^{-10}	10^{-8}	5×10^{6}	10^{-5}	10^{-1}	10^{3}

El sentido de la luz. Hasta 1800, *luz* era lo que podíamos ver con los ojos, ya fuera a simple vista o con ayuda de un telescopio. A mediados del siglo XX, los astrónomos empezaron a comprender que las regiones no visibles del espectro electromagnético contienen mucha información sobre el universo. El telescopio Webb ve principalmente en el infrarrojo, por lo que puede llegar más lejos en el espacio (y hacia atrás en el tiempo, por tanto) que cualquier telescopio anterior.

En el siglo y medio que siguió al descubrimiento de Herschel, los astrónomos comprendieron que la luz es una combinación de electricidad y magnetismo, y que el espectro electromagnético abarca desde las ondas de radio hasta los rayos gamma, pasando por las microondas, la luz infrarroja, la luz visible, la luz ultravioleta y los rayos X. También aprendieron que la velocidad de la luz es una constante y que lo que diferencia los distintos tipos de luz es la longitud de la onda entre una cresta y la siguiente. La luz visible, por ejemplo, tiene longitudes de onda que oscilan entre 0,4 y 0,7 micras (una micra equivale a una milésima de milímetro). Además, dentro de la franja del espectro electromagnético que va de 0,4 a 0,7 micras, las pequeñas diferencias en longitud de onda determinan los colores que percibimos.

Habría que esperar hasta mediados del siglo XX para que los científicos comprendieran la importancia de la luz con longitudes de onda fuera de la parte visible del espectro (menos de 0,4 micras y más de 0,7 micras) para la astronomía.

Durante la Segunda Guerra Mundial, los aliados detectaron unas extrañas señales de radio que atribuyeron a interferencias de los alemanes. Sin embargo, los ingenieros británicos no tardaron en descubrir que se trataba en realidad de llamaradas solares; es decir, erupciones de radiación electromagnética en la superficie del Sol. Al terminar la guerra, esos mismos ingenieros se dieron cuenta de que, en la década de 1930, una antena de radio en los Bell Labs de Nueva Jersey había descubierto accidentalmente que las estrellas de nuestra galaxia son una fuente de ondas de radio[1]. Uno de los ingenieros, Bernard Lovell, consiguió que el gobierno financiara un radiotelescopio de 75 metros de diámetro. En agosto de 1950, los astrónomos orientaron ese telescopio hacia una galaxia cercana y pasaron sus señales por un registrador gráfico, un instrumento similar a un sismógrafo cuyas impresiones en el papel revelaron la detección de señales de radio. «Eso demostró», explicaría Lovell algún tiempo después, «que nuestra galaxia no era la única que emitía ondas de radio».

---

[1] Los Bell Labs no mostraron demasiado interés en este descubrimiento. El ingeniero, Karl Jansky, había hecho lo que le habían pedido: identificar el origen de una molesta señal que interfería con las transmisiones telefónicas y radiofónicas a través del Atlántico. Eso fue todo.

El espectro electromagnético es muy amplio, pero solo las ondas de radio y la luz visible (y parte de la ultravioleta) pueden penetrar en la atmósfera terrestre. Si los astrónomos querían saber lo que se escondía en otras regiones del espectro electromagnético, no tendrían más remedio que salir de la atmósfera.

Para ello emplearon cohetes V-2 equipados con contadores Geiger y otros detectores, que fueron lanzados desde el desierto de Nuevo México hasta una altura suficiente para que abandonaran la atmósfera antes de volver a caer. En 1946, un detector instalado en un cohete suborbital captó las primeras señales de luz ultravioleta procedente del Sol. Dos años más tarde, los investigadores confirmaron que nuestra estrella también es una fuente de rayos X. Pero solo con el inicio de la era espacial propiamente dicha, cuando los cohetes alcanzaron la velocidad necesaria para llegar hasta la órbita terrestre, pudieron los astrónomos empezar a estudiar el universo más allá del sistema solar en busca de luz que estuviera fuera de las regiones de la luz visible, las ondas de radio o la luz ultravioleta. En 1962, un cohete con un contador Geiger a bordo localizó las primeras fuentes extrasolares de rayos X, incluido un misterioso objeto que emitía *diez mil millones de veces* más rayos X que el Sol.

Los resultados de ese estudio se publicaron en un artículo titulado «Evidencia de rayos X procedentes de fuentes externas al sistema solar». Su primer autor era Riccardo Giacconi, que poco después empezó a trabajar en el primer satélite dedicado exclusivamente a la astronomía de rayos X: Uhuru, cuyo lanzamiento se realizó en 1970. Durante los tres años que estuvo activo, Uhuru descubrió fuentes binarias de rayos X (dos fuentes de rayos X que orbitan una en torno a la otra), identificó posibles agujeros negros y proporcionó datos para el catálogo celeste de emisiones de rayos X. Pero antes incluso de que Uhuru estuviera listo para despegar, Giacconi ya formaba parte de un grupo encargado de diseñar el siguiente satélite de rayos X, Einstein, que sería lanzado en 1978.

Las otras regiones del espectro electromagnético fueron sometidas al mismo ciclo de investigación: enviar un objeto al espacio para ver si hay algo ahí fuera, utilizar los resultados para perfilar la siguiente misión y, simultáneamente, diseñar la *siguiente* misión. En los años 70, la NASA estaba trabajando en un programa de grandes observatorios: cuatro satélites que, a lo largo de más de dos décadas, debían realizar observaciones en rayos X (una misión propuesta, entre otros, por Giacconi), rayos infrarrojos, rayos gamma y luz visible, además de una parte de la región ultravioleta. El instrumento propuesto para luz visible y ultravioleta era el telescopio espacial Hubble, que debía ser el primero en salir al espacio, tal vez a principios de los años 80.

Pero algunos astrónomos no estaban satisfechos con ese plazo de dos décadas para estudiar las regiones no visibles del espectro electromagnético. Consideraban que la NASA había esperado demasiado. El propio Giacconi había visto cómo las investigaciones en su campo sufrían un parón. La misión Einstein (que, como Uhuru, era anterior al programa de grandes observatorios) finalizó en 1981, pero el lanzamiento de la siguiente misión de rayos X no se realizaría al menos hasta mediados de los años 90. En 1981, ante la perspectiva de un largo período de inactividad, Giacconi aceptó la dirección del nuevo Instituto de Ciencias del Telescopio Espacial[2] con la esperanza de ayudar así a convencer a la NASA de no caer dos veces en el mismo error.

Illingworth, que entonces trabajaba en el Observatorio Nacional de Kitt Peak en Arizona, se sorprendió cuando supo que Riccardo Giacconi había aceptado el puesto de director del Instituto de Ciencias del Telescopio Espacial. Giacconi se dedicaba a la astronomía de rayos X, pero el telescopio Hubble iba a trabajar sobre todo con luz visible. Empezó a entenderlo en 1984, cuando se incorporó al Instituto como subdirector: lo que el proyecto necesitaba no era un experto en astronomía de luz visible, sino alguien que supiera sortear las barreras burocráticas a la ciencia.

Ya entonces Giacconi trataba de aprovechar su influencia para empezar a encauzar las futuras conversaciones sobre el sucesor del Hubble. En 1984, el mismo año de la llegada de Illingworth al Instituto, la NASA encargó al Comité de Ciencias del Espacio, un organismo asesor independiente, la elaboración de una lista de posibles proyectos para las siguientes décadas y, en particular, de 1995 a 2015. El comité dividió los proyectos en seis categorías (ciencias de la Tierra, ciencias naturales, etc.) y creó un grupo de trabajo para cada una de ellas. Giacconi fue miembro del grupo dedicado a astronomía y astrofísica.

---

[2] El despacho de director tenía baño privado, aunque seguramente eso no influyó en su decisión.

Al igual que los otros grupos, el de Giacconi mantuvo numerosas reuniones entre el verano de 1984 y enero de 1986. En junio de 1986, la junta directiva del Comité de Ciencias del Espacio se reunió para estudiar los resultados de los distintos grupos de trabajo. Estas reuniones tenían un doble objetivo: definir recomendaciones para ulteriores estudios y hacer una selección entre las docenas de objetivos identificados por los grupos de trabajo con el fin de elaborar un informe exhaustivo. La junta directiva trabajó con ahínco, pero al final llegó a la conclusión de que la gran mayoría de los proyectos propuestos merecían ser tenidos en cuenta.

El informe final, *Ciencias del espacio en el siglo XXI: prioridades para los años 1995-2015*, se publicó en 1988 y constaba de siete volúmenes, uno para cada categoría y otro de introducción. El prefacio a la introducción reconocía que el informe no incluía un plan de acción ni un organigrama. Lo que sí ofrecía era una especie de bufé libre: un surtido de exquisiteces presentadas sin ningún orden concreto. La junta directiva ni siquiera se preocupó de ordenar sus recomendaciones. Pese a ello, las recomendaciones en la categoría de «Astronomía y astrofísica» en la introducción incluían «un telescopio de 8 a 16 metros» para «proseguir los estudios realizados durante 10-20 años por el Hubble [de 2,4 metros]» y «obtener imágenes con una resolución seis veces mayor».

El informe no pretendía priorizar proyectos. Aun así, no dudaba en recomendar a la NASA que reconsiderara *sus* prioridades.

El 28 de enero de 1986, el transbordador espacial *Challenger* se desintegró a 14 000 metros de altura poco después de despegar desde Cabo Cañaveral, en la costa oriental de Florida. Unas semanas más tarde, el examen de la cabina de la tripulación (recuperada del fondo del Atlántico y relativamente intacta) reveló que la cantidad de oxígeno de emergencia consumido por al menos una parte de los siete astronautas correspondía exactamente a los algo más de dos minutos que duró el descenso, desde la desintegración del resto del transbordador hasta el impacto de la cabina con el Atlántico. En otras palabras: los tripulantes habían estado vivos hasta entonces.

Para muchos miembros de la comunidad espacial estadounidense, el «accidente» (así es como lo llamó la NASA, aunque casi todo el mundo hablaba de «desastre») demostró que, por desgracia, sus críticas a la NASA por la forma de seleccionar y financiar programas de investigación estaban más que justificadas. No es que se sintieran ignorados por la NASA, pero lo cierto es que, casi desde el mismo momento en que el Presidente Dwight D. Eisenhower aprobó la Ley nacional del espacio y la aeronáutica de 1958 (y con toda seguridad desde el 25 de mayo de 1961, cuando el Presidente John F. Kennedy, dirigiéndose a una sesión conjunta del Congreso, declaró: «Creo que esta nación debe marcarse el objetivo de enviar a un hombre a la Luna y traerlo sano y salvo de vuelta a la Tierra antes de que termine la década»), se habían visto obligados a competir con un *concepto*, un imperativo de la Guerra Fría que se presentaba como un ideal romántico: lo que la introducción al informe *Ciencias del espacio en el siglo XXI* denominaba «presencia humana en el espacio».

«Durante los últimos treinta años», continuaba la introducción, haciendo referencia explícita al tiempo transcurrido desde la fundación de la NASA en 1958, «la investigación científica no ha sido ni el único ni el principal objetivo del programa espacial de los Estados Unidos. El proyecto Apolo, así como el Sistema de Transporte Espacial» (los transbordadores espaciales) «y, más recientemente, la Estación Espacial, no han tenido como prioridad satisfacer los requisitos planteados por las distintas disciplinas de las ciencias del espacio». El informe no llegaba tan lejos como para afirmar que la continuidad de la investigación astronómica (una tradición de siglos en la que cada generación heredaba un universo nuevo y los medios para investigarlo) había sido sacrificada para financiar el programa de transbordadores espaciales, pero tampoco hacía falta: «La junta directiva responsable de este estudio recomienda un cambio en el orden de prioridades del programa espacial del país».

Inmediatamente después (en la siguiente frase, de hecho), el informe insistía, esta vez en cursiva: «*En este momento en que el país se plantea su futuro en el espacio, la junta directiva considera que el progreso científico y sus aplicaciones en beneficio de la humanidad deben tener una importancia en el programa espacial de los Estados Unidos no inferior a la de cualquier otro objetivo, como la expansión de la presencia humana en el espacio*».

No contento con eso, y sin salir del mismo párrafo, el informe recalcaba una vez más: «Esto garantizará que los recursos científicos y técnicos disponibles se utilizarán de manera eficaz y en beneficio del país, tal como exige la ley de 1958. Este mismo objetivo (lograr el mayor progreso científico posible con los recursos disponibles) debería prevalecer también a la hora de aprobar actividades tripuladas y no tripuladas en el espacio».

Llegados a este punto, es probable que muchos empleados de la NASA retrocedieran un par de páginas hasta el epígrafe que encabezaba la introducción para comprobar si efectivamente decía lo que sospechaban. Se trataba de una cita bíblica (Proverbios 29:18) que, apenas unos minutos antes, podría haber pasado por la típica frase que se coloca al principio de una publicación de ese tipo, pero que ahora adquiría todo su sentido en relación con el *Challenger*:

Donde no hay visión, el pueblo perece.

¿Cómo debía ser el sucesor del Hubble según el Instituto de Ciencias del Telescopio Espacial?

Esta pregunta, implícita en la idea que Giacconi había planteado a Illingworth, escondía en realidad dos preguntas; las dos mismas preguntas que impulsan los avances científicos generación tras generación.

Primera: ¿Qué es lo que quiere investigar la comunidad científica?

Segunda: ¿Qué tecnología podría hacer posibles esas investigaciones?

Pero responder estas preguntas no era nada sencillo, ya que entrañaba un nivel de complejidad característico del método científico: la respuesta a una pregunta dependía de la respuesta a la otra.

Al contrario de lo que suele pensarse, la ciencia rara vez avanza en línea recta desde la hipótesis hasta el experimento que la confirma (o no). Los científicos pueden plantear en cualquier momento una hipótesis que no tienen forma de demostrar. Otras veces, disponen de los medios para probar una hipótesis que nadie ha planteado todavía. Esa interdependencia hace que la ciencia avance de manera fragmentaria, siguiendo un camino irregular y accidentado que no siempre supone un progreso. Hay un término técnico que los científicos usan para describir este tipo de proceso: *no lineal*.

En la práctica, el trabajo de Illingworth consistía en hacer que la transición hacia el sucesor del Hubble fuera lo más lineal posible. Debía aprovechar que era uno de los objetivos mencionados en el informe *Ciencias del espacio en el siglo XXI* para definir un posible sucesor del Hubble a partir del bufé de futuras misiones y presentarlo como un proyecto coherente que superara las objeciones del comité.

Así que Illingworth se puso manos a la obra. En agosto de 1988, poco después de la publicación del informe, dio una charla en el congreso de la Unión Astronómica Internacional en Baltimore. «El primer paso ya está dado», dijo refiriéndose a la inclusión del proyecto en el informe, «pero ahora tenemos que seguir avanzando». Insistió en la importancia de la continuidad y, sin llegar a pronunciar el nombre de su jefe, habló de la situación en que se había visto Giacconi: «Estoy seguro de que cualquier astrónomo, sobre todo si se dedica a la observación, puede imaginarse cómo afectaría a sus programas de investigación el hecho de no poder acceder a su principal fuente de datos durante diez o quince años. Sería un desastre; un desastre que ya se ha producido en la astronomía de rayos X. El satélite Einstein tuvo un enorme impacto en muchos campos. Proporcionó datos muy interesantes sobre numerosos problemas de gran importancia, pero esa puerta se cerró de golpe».

Si la comunidad científica lograra mantener abierta la puerta a un sucesor del Hubble, ¿qué es lo que le gustaría que hiciera el telescopio? Una respuesta obvia era ver lo mismo que el Hubble, pero mejor: observar objetos a distancias más grandes y con mejor resolución. Otra respuesta obvia era ver lo que el Hubble *no* podía ver, y para eso ya había dos posibles objetivos. Figuraban en el informe y también Illingworth habló de ellos durante su conferencia en el congreso de la Unión Astronómica Internacional: el sucesor del Hubble debería observar galaxias poco después del nacimiento del universo y también planetas en torno a otras estrellas de nuestra galaxia. En ambos casos sería necesario ir más allá de la región visible del espectro electromagnético y utilizar longitudes de onda más largas en el infrarrojo, que empieza donde termina la región visible, a una longitud de onda aproximada[3] de 0,7 micras. La región infrarroja llega hasta longitudes de onda de cientos de micras, pero incluso un telescopio que pudiera detectar ondas de más de 20 micras supondría un gran avance.

Por encima de las 20 micras, un telescopio debería ser capaz de ver galaxias situadas a una distancia en el espacio (y, dado que la velocidad de la luz es finita, a una distancia hacia atrás en el tiempo) de un par de cientos de millones de años después del Big Bang, si no antes. En un universo en expansión (como el nuestro), lo que se expande es el propio espacio. A su vez, la expansión del espacio estira la luz que emiten las galaxias. Cuando

---

[3] *Aproximada* porque se trata de un espectro, al fin y al cabo.

la luz emitida por galaxias que nacieron en los primeros 1000 millones de años del universo llega hasta nosotros, la expansión del espacio ha hecho que sus longitudes de onda vayan más allá de la región visible del espectro electromagnético y entren en el infrarrojo. Los astrónomos se refieren a este fenómeno como *corrimiento al rojo*.

Ver en el infrarrojo también nos permitiría penetrar en el polvo que rodea regiones de formación estelar en nuestra galaxia. Otros observatorios de infrarrojos ya habían empezado a obtener datos muy interesantes, pero los astrónomos deseaban disipar la «niebla» y observar con detalle esas incubadoras estelares.

Illingworth sabía que, al imaginar un instrumento de este tipo, los astrónomos estaban dando por supuesto que la tecnología seguiría avanzando. ¿Y por qué no iba a hacerlo?

Su generación tenía la edad suficiente para recordar ordenadores que funcionaban con tarjetas perforadas: frágiles rectángulos de cartulina en los que el programador tenía que hacer agujeros antes de cargar una pila de ellos en una bandeja de entrada situada junto a una consola del tamaño de un coche. Pero ahora los astrónomos usaban ultramodernas estaciones de trabajo Unix con pantallas en color, teclados independientes y discos flexibles.

Incluso los mismos telescopios se hallaban todavía en plena transición de las placas fotográficas (que los astrónomos, al trabajar en la oscuridad, tenían que chupar para comprobar que la cara emulsionada estaba bien orientada en la cámara) a los dispositivos acoplados por carga (CCD). Mientras que una placa fotográfica podía absorber tal vez el 5 % de todos los fotones posibles, un detector CCD podía captar más del 80 %.

Estos y otros avances tecnológicos estaban transformando la astronomía. La pregunta era si la tecnología avanzaría lo suficiente para que valiera la pena dedicar tiempo y dinero a desarrollar un sucesor para el Hubble.

Preguntas, pensó Illingworth. Una sucesión de interrogantes y suposiciones.

Suponiendo que existiera la tecnología. *Suponiendo* que el Hubble encontrara galaxias lo bastante lejanas para justificar la búsqueda de otras aún más antiguas. *Suponiendo* que hubiera planetas extrasolares.

Y lo más importante: *suponiendo* que el proyecto fuera lo bastante lineal para no descarrilar.

El proyecto empezó a descarrilar antes incluso de que Illingworth pudiera dar el siguiente paso para convencer a la comunidad científica de que era necesario encontrar un sucesor para el Hubble.

Illingworth dejó el Instituto de Ciencias del Telescopio Espacial en 1989 para incorporarse al observatorio Lick de la Universidad de California, aunque siguió colaborando con la NASA y el Instituto. Junto con Pierre-Yves Bely, un ingeniero del Instituto especializado en el diseño de telescopios, organizó un seminario que debía celebrarse a mediados de septiembre bajo el título «El telescopio espacial de la próxima generación». Los preparativos (selección de temas, programa de conferencias, invitaciones a ponentes) ya estaban muy avanzados cuando el día 20 de julio, vigésimo aniversario de los primeros pasos de Neil Armstrong sobre la superficie de la Luna, el Presidente George H. W. Bush anunció en el Museo Nacional del Aire y el Espacio que el país estaba preparado para regresar a nuestro satélite. «En 1961 hizo falta una crisis como la carrera espacial para acelerar el proceso», afirmó. «Hoy no tenemos ante nosotros una crisis, sino una oportunidad. Y lo que propongo para aprovechar esa oportunidad no es un plan a diez años, como el proyecto Apolo, sino un compromiso permanente y a largo plazo». Ese compromiso, añadió, consistía en «volver a la Luna, que es donde está el futuro, pero esta vez para quedarnos».

El representante del Instituto en la NASA comunicó a Illingworth que, si querían mantener las buenas relaciones con la NASA, debían incluir la Luna en el programa del seminario. No podían hablar solo del telescopio espacial, sino también de un posible telescopio lunar. Eso suponía nuevas sesiones, nuevos ponentes... y no demasiado entusiasmo. Pero si poner un telescopio en la Luna era la única forma de tener un sucesor para el Hubble, habría que conformarse. Mientras tanto, la comunidad científica seguía pensando que el telescopio espacial era la opción más probable.

Pero Illingworth necesitaba transmitir un mensaje importante para que el proyecto siguiera siendo lineal. En la introducción a las actas del seminario, que Illingworth editó junto con otras dos personas, el segundo párrafo se hacía eco de lo que Giacconi había manifestado unos años antes: «Habrá quien crea que es demasiado pronto para empezar a pensar en un sucesor para el Hubble. Lo cierto es que ya vamos con retraso».

Apenas ocho meses después, el proyecto tuvo que hacer frente a otra interrupción en la linealidad. Pero esta vez fue algo mucho más grave, incluso potencialmente fatídico.

El Hubble partió el 24 de abril de 1990 a bordo de un transbordador espacial y vio su primera luz (es decir, realizó las primeras observaciones) el 20 de mayo. Sin embargo, las imágenes enviadas por el telescopio durante el siguiente mes transmitieron un mensaje inequívoco: *Baltimore, tenemos un problema.*

El espejo primario estaba desenfocado.

Un espejo astronómico debe tener una ligera curvatura para que la luz, al impactar en cualquier punto de su superficie reflectante, vaya siempre al mismo punto focal: el espejo secundario (donde a su vez se reflejará hacia un detector, ya sea un globo ocular o chips CCD). Los bordes del espejo del Hubble, sin embargo, presentaban una desviación de 1,3 milímetros, más que suficiente para provocar una distorsión significativa.

La misión se convirtió inmediatamente en blanco de las burlas de tertulianos y humoristas televisivos. *Para una cosa que tenían que hacer...* El error impidió al Hubble realizar muchas de sus funciones, dejando a la NASA expuesta a despiadadas críticas en el Congreso. En el Instituto, el trabajo en el telescopio espacial de la próxima generación cesó casi por completo. Antes había que arreglar el telescopio de *esta* generación.

¿Y si no lo conseguían?

Algunos de los resultados obtenidos por el Hubble eran excelentes. Por ejemplo, observó restos de una supernova y captó imágenes de un disco de materia en el momento de desaparecer en un posible agujero negro. Pero la máxima prioridad del Instituto (su foco, por así decirlo) seguía siendo arreglar el espejo. En el verano de 1993, el Instituto ya sabía cómo hacerlo y la NASA autorizó que unos astronautas realizaran las reparaciones en diciembre, durante una misión del transbordador espacial.

Pero esa autorización venía con una letra pequeña que muy pocas personas conocían, incluso en las más altas esferas de la astronomía.

Ese mes de agosto, Alan Dressler, un astrónomo del Instituto Carnegie de Washington, recibió una llamada telefónica de Goetz Oertel, director de AURA (Asociación de Universidades para la Investigación Astronómica), un consorcio formado por centros de investigación en 1957 que actuaba también como administrador independiente del Instituto Carnegie.

En cierto sentido, el Hubble era solo uno más de los telescopios que estaban bajo la jurisdicción de AURA. Por supuesto, era algo más que eso: era el telescopio más conocido y con una mayor inversión pública. Pero también era algo menos. Dijeran lo que dijeran los organigramas, la NASA siempre había estado al mando. Y la NASA, según confesó a Dressler el director de AURA, estaba dispuesta a cancelar la misión de reparación.

Todo el mundo sabía que el riesgo para las personas era elevado. Al fin y al cabo, amarrar a alguien a un cohete y lanzarlo a cientos de kilómetros de la superficie terrestre siempre es arriesgado. Pero la NASA, tras sopesar los pros y los contras, había llegado a la conclusión de que el riesgo podía ser excesivo. Según Oertel, la NASA había dejado muy claro que no pondría en peligro la vida de nadie, incluida la propia NASA. Por eso había comunicado a AURA que no solo se reservaba el derecho a cancelar la misión, sino también a hacerlo sin consultar absolutamente a nadie. Oertel añadió además que, según la NASA, había un 50 % de probabilidades de que se cancelara la misión

Muy interesante, pensó Dressler. ¿Pero qué tenía eso que ver con él?

«Necesitamos ideas», prosiguió Oertel. Si el Hubble dejaba de funcionar, AURA seguiría al cargo de numerosos telescopios en todo el mundo, pero no del telescopio espacial destinado a marcar a toda una generación. Por eso se preguntaban si Dressler estaría dispuesto a crear un comité para estudiar esa eventualidad y encontrar una alternativa al Hubble, por lo que pudiera pasar.

Aunque con otras palabras, eran las mismas preguntas de siempre.

Primera: ¿Qué es lo que quiere investigar la comunidad científica?

Segunda: ¿Qué tecnología podría hacer posibles esas investigaciones?

En otoño, Dressler reunió un comité de veinte astrónomos, incluido él mismo, para analizar cómo debería ser y qué debería hacer el telescopio que sustituyera al Hubble. ¿Similar al Hubble? ¿Distinto del Hubble? ¿Buscar exoplanetas? ¿Buscar antiguas galaxias?

Los astrónomos de esa generación llevaban hablando del sucesor del Hubble desde el momento en que comprendieron que un instrumento *nuevo* es casi siempre el precursor del instrumento *siguiente*. El tema se había tratado, aunque de forma vaga, antes incluso de que Riccardo Giacconi se incorporara a la junta directiva del Comité de Ciencias del Espacio. Dos o tres años más tarde, la idea de Giacconi de empezar a pensar en *lo siguiente* había pillado por sorpresa a Illingworth, pero no cabe duda de que tenía sentido. Era inevitable que el Hubble tuviera un sucesor, siempre y cuando hubiera voluntad para ello.

Pero el resultado final de todas esas conversaciones (las ideas propuestas en el seminario del Instituto en 1989) había sido decepcionante para Dressler.

Infrarrojos, vale. Infrarrojos, *por supuesto*.

¿Queremos penetrar en el polvo que oscurece la luz visible de las estrellas y los sistemas planetarios de nuestra galaxia? Entonces *sí*, infrarrojos.

¿Queremos explorar los primeros momentos del universo, cuando la expansión del espacio aún no había estirado la luz emitida por los primeros objetos visibles más allá de la región óptica del espectro electromagnético? Entonces *sí*, infrarrojos.

Pero el instrumento propuesto en 1989 se limitaba a añadir la capacidad de realizar observaciones en el infrarrojo, además de longitudes de onda ultravioletas y visibles. En opinión de Dressler, lo que proponía el informe era solo *el Hubble, pero más grande*.

Peor aún: lo proponía antes incluso de que se hubiera lanzado el Hubble; antes de que nadie supiera lo que podía hacer el Hubble. Esa idea, pensaba Dressler, estaba condenada al fracaso. Aunque el espejo del Hubble no hubiera estado desenfocado, el informe de 1989 le seguía pareciendo algo así como poner el carro antes del caballo. En 1991, la encuesta decenal de astronomía y astrofísica (la encuesta que el Consejo Nacional de Investigación realiza cada diez años aproximadamente con el fin de evaluar la financiación necesaria para futuros proyectos) ni siquiera había mencionado una propuesta presentada por Illingworth y sus colegas.

Las reuniones del comité de Dressler, denominado *Más allá del Hubble*, se celebraron mientras la NASA continuaba pensando si autorizaba o no la misión de reparación en diciembre de 1993. Por fin, la NASA decidió seguir adelante y la misión resultó un éxito. El Hubble estaba listo para empezar a hacer su trabajo, algo de lo que la NASA y AURA habían llegado a dudar. Ya no había necesidad de buscar una alternativa inmediata al Hubble, como Oertel había pedido a Dressler. Pero Dressler no vio motivo para disolver el comité.

Ahora. Es *ahora* cuando hay que pensar en un sucesor para el Hubble. Ahora que el mundo está a punto de saber lo que puede hacer el Hubble.

Y lo que podía hacer el Hubble resultó una doble sorpresa para los astrónomos.

La primera sorpresa fue de carácter científico.

El Hubble volvía a estar activo y funcionaba a las mil maravillas. En mayo de 1994 confirmó la existencia de agujeros negros supermasivos, las fuentes de aquellas emisiones de rayos X descubiertas por Giacconi y un contador Geiger en 1962[4]. En julio reveló al mundo imágenes de fragmentos de un cometa abriéndose paso por las nubes de Júpiter y creando perturbaciones atmosféricas mucho más grandes que la Tierra. En febrero de 1995, el telescopio detectó oxígeno en Europa, uno de los muchos satélites de Júpiter. Los descubrimientos se sucedían a un ritmo vertiginoso y los astrónomos apenas podían creer lo afortunados que eran por vivir en un momento tan especial de la historia de la ciencia.

La segunda sorpresa fue totalmente inesperada, al menos para Dressler; pero también para otros astrónomos y funcionarios de la NASA.

La opinión pública se enamoró del Hubble.

Se enamoró *perdidamente*, hasta el punto de no cansarse nunca de él. Empezaron a aparecer fotografías en color por todas partes: en las primeras páginas de los periódicos, en los pósteres de las revistas, en libros, en programas de televisión y, sobre todo, en internet.

Para los veteranos de la NASA con años de experiencia a sus espaldas, la situación era muy parecida a la que habían vivido en los añorados años 60. Por primera vez desde los días del programa Apolo, la opinión pública veía la exploración del espacio como un esfuerzo colectivo de toda la humanidad, aunque con una importante diferencia.

---

[4] Giacconi compartió el premio Nobel de Física de 2002 por sus «contribuciones pioneras en el campo de la astrofísica, que han conducido al descubrimiento de fuentes cósmicas de rayos X».

La exploración del espacio en los años 60 no se experimentaba directamente. Había que identificarse con la persona que se acurrucaba dentro de una cápsula o dejaba la huella de su bota en la superficie lunar. Lo único que podía hacer la gente era levantar la vista hacia el cielo sabiendo que había otras personas allá arriba.

Ahora cualquiera podía explorar el universo con sus propios ojos, de cerca y en color; verlo *de verdad* por primera vez. Uno podía sentarse delante de su ordenador (y no solo en el trabajo, sino también *en su propia casa*), conectarse a un módem, marcar el número del proveedor de red, escuchar ruidos extraños durante unos segundos, vigilar una barra horizontal en la parte inferior de la pantalla mientras se cargaba la página web y por fin, con un poco de suerte, ver una imagen que tal vez, solo tal vez, cambiaría para siempre todo lo que creía saber sobre el espacio y el tiempo.

En diciembre de 1995, Dressler viajó a Washington para visitar a Daniel S. Goldin, el director de la NASA. Goldin había aceptado el puesto tres años antes después de un cuarto de siglo en TRW, una megaempresa con más de cien mil empleados en la que supervisó el lanzamiento de varias misiones de grandes observatorios y llegó a ser responsable de programas espaciales relacionados con actividades militares y de espionaje. La respuesta de Goldin al comentario de Dressler sobre la conveniencia de que la NASA empezara a trabajar en un sucesor para el Hubble no fue ninguna sorpresa: «¡Por el amor de Dios, si acaba de empezar a funcionar!». Además, la misión de rescate había demostrado que la vida útil del Hubble no terminaría quince años después, en 2005, sino... bastante más tarde.

Dressler sabía perfectamente que Dan Goldin era un burócrata, no un astrónomo. Pero incluso los burócratas son seres humanos, y a los seres humanos les gusta escuchar historias. Y la historia que Dressler tenía preparada para Goldin era tal vez la historia más grande jamás contada.

Dressler se veía a sí mismo como un «sentimental» de la ciencia desde su etapa de formación, pero el momento que le vino a la cabeza en aquel instante fue una conferencia a la que había asistido en Caltech unos quince años atrás. Para un astrónomo como él que trabajaba en Carnegie, en la vecina Pasadena, asistir a aquellos coloquios era como ir al cine, pero para ver a científicos de la talla de Richard Feynman o Murray Gell-Mann en lugar de las grandes estrellas del celuloide. El conferenciante en aquella ocasión era Luis Álvarez, un premio Nobel de Física que había trabajado con J. Robert Oppenheimer en el proyecto Manhattan en Los Álamos[5] y que, por coincidencias de la vida, también había sido socio comercial de un tío de Dressler.

Pero Álvarez no estaba allí para hablar sobre física de altas energías, como Dressler descubrió a los pocos minutos, sino de algo que había descubierto su hijo Walter, un geólogo, y de una teoría en la que ambos estaban trabajando. Walter Álvarez, explicó su padre, aseguraba que por toda la Tierra había sedimentos con una capa rica en iridio de unos 66 millones de años de antigüedad. El iridio es raro en la corteza terrestre, pero muy común en los asteroides. Lo que padre e hijo se preguntaban era si el impacto de un asteroide con la Tierra podría haber provocado la extinción de los dinosaurios.

Dressler no pudo sacarse la conferencia de la cabeza. Pensó en ella durante semanas. Como científico, la desaparición de los dinosaurios siempre le había parecido uno de esos misterios imposibles de resolver. ¿Y si los Álvarez tenían razón?

Y aunque no fuera así, ¿qué pasaría si *pudieran* tener razón? La destrucción de los dinosaurios por un asteroide habría dejado el campo libre para la aparición de nuestra especie. ¿Y si fuera posible descubrir esos primeros indicios posapocalípticos? ¿Y si (pensó Dressler un par de décadas después, mientras estudiaba las imágenes enviadas por el telescopio espacial Hubble) pudiéramos rastrear no solo la aparición de nuestra especie, sino la del universo tal como lo conocemos?

Dressler puso dos objetos en la mesa que había entre él y Goldin. Uno de ellos era el *Atlas Hubble de galaxias*, una colección de fotografías de galaxias cercanas publicada por Allan Sandage, discípulo de Edwin Hubble. Dressler abrió el libro por una imagen de la galaxia de Andrómeda, una galaxia espiral como la Vía Láctea. Luego señaló el otro objeto que había dejado sobre la mesa, una imagen reciente del telescopio Hubble en la que se veía un montón de puntos de luz sobre un gran fondo oscuro.

Galaxias, dijo Dressler mientras señalaba un punto tras otro. Cada uno de estos puntos, explicó, es una galaxia. Y cada una de estas galaxias es una galaxia como la nuestra. Y cada una de estas galaxias contiene miles de millones de estrellas, como la Vía Láctea. ¿Y quién sabe cuántos planetas giran alrededor de esas estrellas?

---

[5] Exactamente igual que ir al cine. De hecho, Álvarez fue un personaje secundario en la película de 2023 *Oppenheimer*.

Pero Dressler prefirió dejar esas preguntas a un lado por el momento.

Estas galaxias nos cuentan una *historia*, continuó. Cuanto más lejos podamos ver, más nos adentraremos en el pasado; y cuanto más nos adentremos en el pasado, más cerca estaremos de llegar al principio de esa historia. El telescopio Hubble nos puede decir mucho sobre esa historia, pero tiene sus límites. Si pudiéramos ver más lejos, añadió Dressler, tal vez llegáramos a ver el principio de la historia, el *érase una vez* con el que comenzó el universo. No estoy hablando del Big Bang, sino de las primeras galaxias, las primeras estrellas.

Estoy hablando (finalizó Dressler, pronunciando una palabra que no dejaba de darle vueltas en la cabeza; una palabra que para él era ya inextricable de la historia que quería que contara el telescopio) de nuestros *orígenes*.

En aquella reunión también estaban presentes el director de la división de ciencias del espacio y el director científico de la NASA. Y estaba sobre todo Ed Weiler, director de astrofísica y contacto de la NASA para el Instituto de Ciencias del Telescopio Espacial, AURA y todo lo relacionado con el Hubble. Fue él quien sugirió a Dressler que saliera y esperara en el pasillo cuando terminó su presentación. Unos diez minutos más tarde, el propio Weiler cruzaba la puerta del despacho de Goldin.

Buenas noticias, dijo. La elocuencia de Dressler había funcionado. Goldin estaba dispuesto a dar luz verde al sucesor del Hubble.

El siguiente mes, el día 15 de enero de 1996, durante una presentación en el congreso de la Sociedad Astronómica Estadounidense en San Antonio, la NASA mostró una imagen compuesta a la que llamó «campo profundo del Hubble».

Entre los días 18 y 28 de diciembre, el Hubble había estado observando un punto concreto del cielo: un punto tan pequeño como una pelota de tenis a un centenar de metros de distancia, una moneda al final de un largo pasillo o un grano de arena a tres palmos. Los astrónomos lo habían elegido por el número relativamente bajo de estrellas de nuestra galaxia en primer plano. Lo que querían ver era lo que había *más allá* de nuestra galaxia.

Más galaxias, claro.

¿Pero cuántas? ¿Y a qué distancia?

A lo largo de 11 días, más de 150 órbitas terrestres y 342 exposiciones, los fotones procedentes de lo que quiera que allí hubiera impactaron en los detectores CCD del telescopio. Y siguieron haciéndolo hasta reflejar el equivalente a una minúscula muestra del universo, un punto de aparente oscuridad que cubre 24 millonésimas partes del firmamento. Cuando por fin desvió la mirada, el Hubble había registrado al menos dos millares de galaxias a una distancia de hasta 12 000 millones de años luz, o mucho más de las tres cuartas partes de la distancia que nos separa del Big Bang.

El Hubble había llegado a su límite, demostrando así que Dressler tenía razón; y no solo ante un director de la NASA en Washington, por mucho que pudiera influir en el futuro del programa espacial, sino ante todo el mundo. Es imposible mirar las espirales más tenues del campo profundo sin preguntarse qué hay más allá.

¿Hasta dónde podríamos llegar a ver?

¿A qué distancia en el espacio? ¿Y a qué distancia hacia atrás en el tiempo?

El campo profundo del Hubble definió un nuevo horizonte; un horizonte que, para el sucesor del telescopio espacial Hubble (un telescopio para la próxima generación), era un objetivo tan importante como la presencia humana en el espacio: la primera luz en el universo.

2

Misión

Aquel mismo mes de enero de 1996, apenas dos días después de que la NASA presentara la imagen del campo profundo del Hubble durante el congreso semestral de la Sociedad Astronómica Estadounidense, su director Dan Goldin pronunció un importante discurso: «La NASA en el próximo milenio». El congreso de enero siempre atraía a varios miles de astrónomos, la mayor parte de los cuales abarrotaban la sala en San Antonio para descubrir cómo sería el futuro; el futuro de la astronomía, claro, pero también su futuro profesional.

En un momento de su conferencia sobre las ciencias del espacio en el nuevo milenio, Goldin trató el tema del posible sucesor del Hubble. Hizo una pausa y dirigió la mirada hacia alguien que estaba sentado en la primera fila.

«Veo que Alan Dressler está aquí», dijo.

Dressler se revolvió en su asiento. El hecho de que el director de la NASA mencionara su nombre durante una conferencia sobre el futuro de las ciencias del espacio en el siguiente milenio no tenía nada de raro. Al fin y al cabo, Dressler era el máximo responsable del comité *Más allá del Hubble* y subiría al estrado después de Goldin para presentar sus conclusiones. Aun así, no tenía ni idea de lo que iba a decir Goldin.

«Lo único que me ha pedido», dijo Goldin sin apartar la mirada de Dressler, «es una óptica de 4 metros»; es decir, un espejo de 4 metros de diámetro. «Y yo me pregunto», continuó, «¿por qué conformarnos con tan poco? ¿Por qué no llegar hasta 6 o 7 metros?».

Sus palabras fueron recibidas con una gran ovación desde las docenas de filas de asientos que había detrás de Dressler.

Durante la reunión del mes anterior en su despacho, Goldin ya había sugerido a Dressler que el sucesor del Hubble podría llevar un espejo mucho mayor de lo inicialmente previsto. *¡Estupendo!*, pensó Dressler al principio. Ahora ya tenía más dudas; las mismas dudas que pronto tendrían los asistentes al congreso, cuando oyeran la mala noticia que Goldin ya había comunicado a Dressler en su despacho.

La mala noticia era que el presupuesto no iba a cambiar. El espejo tendría el doble de diámetro, pero el coste del proyecto (500 millones de dólares) sería el mismo.

Ya no se escuchaban aplausos. Solo murmullos.

«Esto va a ser una pesadilla, Mike».

Frank Martin, director del departamento de astrofísica en Lockheed Martin, quería que Mike Menzel aceptara el puesto de ingeniero jefe de sistemas en un proyecto relacionado con el telescopio espacial de la próxima generación. Habían pasado dos o tres años desde enero de 1996 y el agridulce anuncio de Goldin en el congreso de la Sociedad Astronómica Estadounidense. Durante ese tiempo, la NASA había solicitado propuestas a los gigantes de la industria aeroespacial y de defensa. Tres empresas respondieron: TRW (luego adquirida por Northrop Grumman), el Centro de Vuelo Espacial Goddard y Lockheed Martin.

Como subdirector de programas de Lockheed Martin para misiones de servicio al Hubble, Menzel estaba familiarizado con la tecnología de los telescopios espaciales. Echó un vistazo a la hoja de cálculo con los requisitos técnicos del telescopio y llegó a una conclusión que le parecía obvia.

«Sí», dijo, «va a ser una pesadilla».

Un telescopio de infrarrojos en el espacio plantea numerosos problemas técnicos. La radiación infrarroja es sensible al calor, por lo que el detector tiene que estar frío: tan cerca del cero absoluto (-273,15 grados Celsius) como sea posible. Eso significa que debe estar fuera del alcance del calentamiento terrestre y protegido contra la exposición directa al Sol.

Pero eso era algo que ya sabían todos los que trabajaban en el proyecto.

Instalar un sistema refrigerante quedaba descartado, puesto que consumiría demasiado combustible y reduciría la vida útil de la misión. El telescopio tendría que enfriarse por sí mismo (lo que los expertos llaman «enfriamiento pasivo»), dejando que el propio espacio actuara como refrigerante.

Pero eso también lo sabían todos los que trabajaban en el proyecto.

Como también sabían que habría que instalar un escudo que bloqueara el calor del Sol para mantener las bajas temperaturas.

El resultado de todas estas limitaciones es efectivamente una pesadilla; una «pesadilla térmica». Pero Menzel había detectado otro problema, algo más sutil que reducir la temperatura de un objeto en el espacio y mantenerla baja.

«También *verificarlo* va a ser una pesadilla», anunció.

Su futuro jefe le interrogó con la mirada.

«No es *comprobable*», le aclaró Menzel.

El problema estaba en el escudo solar. Su trabajo con el Hubble había permitido a Menzel familiarizarse con la cultura institucional de la NASA. Sabía que a la NASA le gustaba verificarlo todo «sobre el terreno», en un entorno que replicara lo mejor posible las condiciones reales de funcionamiento.

Los centros aeroespaciales cuentan con cámaras que pueden simular condiciones físicas extremas. En el Centro de Vuelo Espacial Goddard en Greenbelt (Maryland) hay una cámara de varios pisos de altura con altavoces capaces de generar sonidos a un nivel de decibelios tan alto que convertiría en gelatina los tímpanos de cualquier persona. Cuando preparan una misión de la NASA, los ingenieros disponen de instalaciones lo bastante amplias para contener equipos muy voluminosos. También pueden reproducir las condiciones físicas más extremas, como la violencia del lanzamiento de un cohete o la calma chicha del espacio exterior. Incluso tienen la posibilidad de probar equipos de enorme tamaño bajo condiciones físicas que van más allá de lo extremo.

¿Pero cómo probar un telescopio que va a funcionar a temperaturas de cientos de grados por encima del cero por un lado del escudo solar y a temperaturas de cientos de grados bajo cero por el otro? ¿Cómo crear un entorno artificial en un lugar del tamaño de un hangar en el que la temperatura tiene que variar cientos de grados en apenas unos metros?

Es imposible.

«Habrá que hacer análisis para demostrar que esto funciona», explicó Menzel a Martin.

Analizar no es lo mismo que verificar sobre el terreno. Un análisis también requiere pruebas físicas, pero en el fondo es una cuestión de matemáticas. En este caso, analizar significaba crear un modelo matemático de cómo se comportaría cada mitad del proyecto bajo sus propias condiciones extremas y luego probar por separado cada mitad. Si el modelo matemático de una mitad del proyecto replicaba los resultados obtenidos en una cámara de pruebas, y si el modelo matemático de la otra mitad del proyecto replicaba los resultados obtenidos en otra cámara de pruebas, entonces sería posible unir las dos mitades del proyecto y confiar en que el modelo matemático completo replicaría los resultados de la cámara de pruebas definitiva: el espacio.

Martin, que durante su carrera había trabajado en operaciones de sistemas para el Apolo 16 y el Apolo 17, sugirió a Menzel que pusiera esas ideas por escrito. En 1998, Menzel publicó un artículo titulado «Programa informal de verificación para el telescopio espacial de la próxima generación» que le convirtió de la noche a la mañana en el rey Salomón de la industria aeroespacial, aunque con una notable diferencia: podía partir por la mitad las operaciones del telescopio sin necesidad de sacrificar al bebé.

Al final, fue Northrop Grumman quien se llevó el gato el agua. Lockheed Martin no solo perdió el contrato de la NASA sino también a Mike Menzel, que fue contratado por Northrop Grumman a instancias de la NASA. En 2004 también Northrop Grumman perdió a Menzel, al que la NASA ofreció el puesto de ingeniero jefe de sistemas para el telescopio espacial de la próxima generación. Menzel tuvo que renunciar a un 15 % de su sueldo para pasar del sector privado al público, pero él y su esposa Catherine decidieron que valía la pena no solo desde el punto de vista profesional, sino también por el reto personal que suponía.

Iba a participar en un proyecto que marcaría a toda una generación de astrónomos. Tenía una misión. Menzel y los miles de científicos reclutados para el proyecto no reinventarían la rueda, pero *sí* que iban a reinventar el telescopio.

Decir que las dos décadas siguientes fueron una constante demostración de falta de linealidad científica sería quedarse corto; cósmicamente corto.

El origen de muchos de los problemas se podía situar en el momento en que Dan Goldin miró a Alan Dressler desde el estrado en San Antonio y declaró su apoyo implícito a un telescopio espacial de 6 o 7 metros de diámetro con el mismo coste (500 millones de dólares) que un telescopio de 4 metros. Por si fuera poco, todo el mundo sabía que ese presupuesto no cubriría ni siquiera el coste de un telescopio espacial con un diámetro de 4 metros.

En el seminario del Instituto de Ciencias del Telescopio Espacial en 1989, un astrónomo había estimado que un telescopio espacial de 10 metros costaría 3800 millones de dólares (unos 9500 millones de 2024). Al año siguiente, Illingworth, en un artículo que formaba parte de una presentación para la encuesta decenal de astronomía y astrofísica de 1990, calculó que se necesitarían 2000 millones de dólares. Y aunque el informe *Más allá del Hubble*, publicado por el comité de Alan Dressler a mediados de 1996, seguía recomendando un telescopio de 4 metros en lugar de los 6 o 7 que proponía Goldin[1], los 500 millones de dólares de presupuesto estimado ya no eran el objetivo, sino la base. Según el informe, el coste podría llegar a los 1000 millones.

Goldin llegó a la NASA con una merecida reputación de austeridad en la industria aeroespacial. Enfocaba los proyectos con un modelo que se podía resumir en pocas palabras: «más rápido, más eficaz, más barato». Era famoso por ejecutar los proyectos en el plazo previsto (o antes) y con el presupuesto fijado (o menos). Cuando trató de aplicar esta filosofía a la cultura institucional de la NASA, llegó a la conclusión de que la aversión al riesgo constituía un riesgo en sí misma. Pensaba que, al concentrar objetivos diversos en el menor número de vuelos posible, la NASA había acostumbrado a los científicos a cargar sus misiones con más y más instrumentos. Eso significaba más peso y tiempos de espera más largos, lo que aumentaba los costes de la nave espacial y la lanzadera.

A pesar de todo, la comunidad espacial consideraba que, si el director de la NASA se ofrecía a financiar un proyecto que podía ser vital, lo mejor era decir que sí a todo y esperar que llegara más dinero cuando fuera evidente (incluso para él) que el presupuesto original no era realista. Y eso

---

[1] «Abrazahubbles» fue el término peyorativo con el que Goldin se refirió a los defensores de un telescopio de 4 metros.

fue lo que ocurrió: en 1998, el presupuesto oficial para el telescopio espacial de la próxima generación se había incrementado hasta los 1000 millones de dólares predichos por Dressler.

De todas maneras, tampoco estaba de más transmitir la sensación de que la misión era algo inevitable. Eso era lo que Giacconi, Illingworth y otros miembros del Instituto llevaban haciendo desde 1985. El campo profundo del Hubble dio un nuevo impulso a la campaña en 1996 y la NASA creó al año siguiente un grupo de trabajo científico especial para que asesorara sobre la misión. En 1999, el nuevo telescopio espacial fue declarado prioritario por el director de astrofísica de la NASA, Ed Weiler, y la encuesta decenal de astronomía y astrofísica disipó en 2001 cualquier posible duda: el telescopio espacial de la próxima generación era la nueva máxima prioridad de la NASA.

Fue esa sensación de inevitabilidad la que llevó al nuevo director de la NASA, Sean O'Keefe, que había sustituido a Goldin tras ocupar los puestos de secretario de la Armada y subdirector de la Oficina de Administración y Presupuesto, a buscar un nuevo nombre para el proyecto. El sucesor del Hubble ya no era el telescopio espacial de la próxima generación. Ahora era el telescopio espacial James Webb.

Eso hizo que se interrumpieran durante un tiempo los preparativos del proyecto. Era habitual cambiar la denominación genérica de telescopios y observatorios para ponerles el nombre de destacados científicos, como Galileo, Cassini, Spitzer, Chandra o Hubble. Pero O'Keefe se había saltado dos reglas: la decisión había sido tomada de manera unilateral, sin buscar ningún tipo de consenso, y la persona elegida no era un científico, sino un burócrata. Se trataba de hecho de uno de los predecesores de O'Keefe, James E. Webb, que había sido director de la NASA entre 1961 y 1968, en pleno apogeo de la carrera espacial.

Luego todo el mundo volvió al trabajo. En 2006, la revista *Space Science Reviews* dedicó un número a los objetivos y el diseño del Webb. El artículo principal, firmado por miembros del grupo de trabajo científico del proyecto (sucesor de un «grupo de trabajo científico especial» y de un «grupo de trabajo científico provisional»), definía los cuatro objetivos de la misión, que a su vez reflejaban la historia que Alan Dressler había contado en el despacho de Dan Goldin en diciembre de 1995. La historia del Webb sería un viaje a través del universo contado en cuatro actos:

- Sistemas planetarios y orígenes de la vida
- Nacimiento de estrellas y sistemas protoplanetarios
- Formación de galaxias
- Final de la Edad Oscura: primera luz y reionización

No tardaron en aparecer nuevos motivos para presentar el telescopio espacial James Webb como algo inevitable. Iba a ser una realidad, sí, pero en las peores condiciones posibles: con constantes retrasos y un coste muy por encima del previsto.

El coste total de su predecesor, el telescopio Hubble, había alcanzado los 4000 millones de dólares en el año 2000, una vez hechos los ajustes necesarios por la inflación. Pese a ello, el modelo «más rápido, más eficaz, más barato» hizo que la NASA siguiera pensando que el nuevo telescopio costaría 3000 millones *menos* que el Hubble y que el presupuesto para su construcción sería el estimado en la encuesta decenal de 2001: 1000 millones de dólares. Y como el presupuesto y la fecha de lanzamiento del Webb nunca habían sido realistas, la NASA se veía obligada año tras año a comunicar («mentir», en la versión de Dressler) a la Oficina de Administración y Presupuesto los nuevos fondos que necesitaba para mantener vivo el proyecto.

En esas condiciones, era casi inevitable que las previsiones de tiempo y dinero pecaran de falta de realismo. Los ingenieros del Webb estaban desarrollando las tecnologías más complejas e innovadoras jamás vistas, como un espejo plegable de 25 metros cuadrados o un escudo solar de cinco capas, cada una de ellas tan larga como una pista de tenis y tan fina como un pañuelito de papel.

Los responsables de producción del Webb hicieron todo lo posible para reducir costes. En 2007, la NASA alcanzó acuerdos con la Agencia Espacial Canadiense y la Agencia Espacial Europea, culminando unas negociaciones que habían comenzado a finales de los años 90. A cambio de tiempo de uso del telescopio, ambas agencias se comprometieron a desarrollar los principales instrumentos del Webb. Además, la Agencia Espacial Europea facilitaría la base de lanzamiento en la Guayana Francesa, así como un cohete Ariane 5 para llevar el telescopio hasta el espacio.

Pese a todos los esfuerzos, el exceso de optimismo a la hora de estimar el presupuesto y la fecha de lanzamiento se convirtió en algo habitual, como si fuera una parte más del proceso. En una ocasión, la NASA aprobó mejoras en los instrumentos sin modificar la fecha de lanzamiento prevista para 2010, como si no se necesitara tiempo para diseñar e introducir esas mejoras.

Mientras el Webb devoraba cada vez más recursos, los responsables de otros proyectos de la NASA y numerosos científicos veían cómo se retrasaban sus investigaciones. En 2010, el presupuesto del Webb era ya de 5000 millones de dólares y la fecha de lanzamiento se había retrasado hasta 2014. La encuesta decenal de 2010 asignó la máxima prioridad al telescopio infrarrojo de campo amplio, pero los responsables de ese proyecto tuvieron que interrumpir las celebraciones cuando descubrieron que no recibirían fondos hasta después del lanzamiento de la prioridad identificada en la encuesta *anterior*, cuandoquiera que fuese. Un titular de la revista *Nature* en 2010 hablaba ya de una situación de autocanibalismo: EL TELESCOPIO QUE DEVORÓ LA ASTRONOMÍA.

El 29 de junio de ese año llegó a la NASA una carta de Barbara Mikulski, senadora demócrata por el estado de Maryland (sede del Instituto de Ciencias del Telescopio Espacial en Baltimore y del Centro de Vuelo Espacial Goddard de la NASA en Greenbelt) y presidenta del subcomité encargado de supervisar el presupuesto de la NASA. «Estoy muy preocupada por el coste creciente del telescopio espacial James Webb», escribía Mikulski. «En pocas palabras: la NASA debe controlar al máximo los costes y plazos de sus grandes proyectos».

Lo que «pedía» era que la NASA convocara «un panel para realizar una revisión independiente y exhaustiva del telescopio espacial». Y rapidito: debían ponerse a ello en menos de treinta días, puesto que «la opinión de dicho panel será decisiva para nuestro dictamen sobre el presupuesto de la NASA en el ejercicio 2011».

Charles Bolden, administrador de la NASA y un antiguo astronauta con experiencia en cuatro misiones de transbordadores espaciales, dos de ellas como piloto (incluida la que puso en órbita el Hubble) y las otras dos como comandante, respondió con una carta de tres párrafos en la que se mostraba totalmente de acuerdo. La brevedad de la respuesta era en sí misma una señal de acatamiento: *lo que usted diga*. Incluso el nombre del panel se tomó directamente de la petición de Mikulski: panel de revisión independiente y exhaustiva.

El único astrónomo (y el único científico, de hecho) en el panel fue Garth Illingworth, quien supuso que le habían invitado por estar familiarizado con los grandes proyectos de la NASA, con la comunidad científica y sus objetivos, y (al menos desde 1989, cuando la NASA exigió que en el seminario del Instituto se hablara de un posible telescopio lunar) con el politiqueo asociado a todo ello. En los años anteriores había presidido el comité asesor para astronomía y astrofísica de la Fundación Nacional para la Ciencia, lo que le había llevado a mantener contactos al más alto nivel con la administración de la NASA, a reunirse con políticos en el Capitolio y, en una ocasión, a comparecer ante un comité del Congreso para hablar sobre el programa astronómico del país.

En noviembre de 2010, el panel de revisión presentó ante el Congreso un informe en el que concluía que los constantes retrasos y sobrecostes del proyecto se debían, al menos en parte, a una mala gestión: «Las funciones de análisis de costes y programas a nivel de dirección y agencia siguen careciendo del grado necesario de autoridad y conocimiento. Como consecuencia», continuaba el informe, «no se exigen acciones correctivas y, desde hace ya demasiado tiempo, nadie en el proyecto cuestiona las malas prácticas de gestión». Quedaba así al descubierto el hábito (casi patológico) de los administradores del Webb de presentar presupuestos insuficientes sabiendo que siempre podrían solicitar más fondos en el siguiente ciclo.

El panel independiente abogaba por adoptar una postura más realista. Aseguraba que, incluso en un momento tan avanzado del proceso de revisión, la NASA seguía pecando de un exceso de optimismo. Citando datos de la NASA, que estimaba «una probabilidad del 70 % de que el lanzamiento tenga lugar en junio de 2014 con un coste total próximo a 5000 millones de dólares», el informe se preguntaba si sería posible cumplir esas previsiones. Su conclusión: «Imposible». Por el contrario, el informe consideraba que el lanzamiento podría realizarse «como muy pronto» en septiembre de 2015 con un «coste mínimo» de 6500 millones de dólares.

El plazo impuesto por Mikulski para la revisión (noviembre de 2010) no era ningún capricho. El día 2 de noviembre, los votantes debían decidir si el Congreso que se iba a constituir dos meses después seguiría estando controlado por los demócratas o pasaría a manos republicanas. El resultado fue una clara victoria de los republicanos. Y no solo de los republicanos sino de su facción más conservadora, el Tea Party, que exigía una drástica reducción del gasto federal. Desde el punto de vista del proyecto Webb, era el peor resultado posible. Aquel mismo mes, la Cámara de Representantes (todavía bajo control demócrata durante seis semanas) mantuvo el Webb en el presupuesto y dejó que la NASA se entendiera con el nuevo Congreso, para lo cual debía corregir los problemas identificados en el informe del panel independiente.

La NASA trató de corregir el primer problema (mala gestión) cesando al director de proyectos del Centro de Vuelo Espacial Goddard. Illingworth estaba entre los que pensaban que el director había hecho un buen trabajo, dadas las circunstancias, pero también comprendía que se trataba de una decisión política: *alguien tenía que caer*. Luego rodarían más cabezas, como la del director de astrofísica o el responsable del programa. Esta purga resultó bastante perjudicial para la imagen del panel independiente.

El segundo problema (retrasos y sobrecostes) era más difícil de abordar. El informe insistía en que los nuevos responsables debían hacer sus propias valoraciones, ya que los miembros del panel habían dispuesto de muy poco tiempo y, pese a la presencia de Illingworth, no se podía esperar de ellos que comprendieran todos los detalles de la misión. Tras consultar a sus subordinados, los nuevos administradores del Webb propusieron retrasar el lanzamiento de 2015 a 2018 y elevar el coste estimado de 6500 millones a 8800 millones de dólares.

Al menos un miembro del Congreso decidió que la cosa había llegado demasiado lejos. En julio de 2011, el republicano Frank Wolf, congresista por Virginia y presidente de la comisión presupuestaria de comercio, justicia y ciencia, exigió la cancelación del proyecto.

Muchos de los que trabajaban en el proyecto Webb pensaron que Wolf iba de farol. Otros no se mostraron tan confiados, quizá porque la historia no estaba de su parte. Al fin y al cabo, no sería la primera vez que el Congreso cancelaba una misión científica de esa envergadura y con un coste tan elevado. En octubre de 1993, el Presidente Bill Clinton fulminó el que habría sido el acelerador de partículas más potente del mundo: el supercolisionador superconductor. Poco importó que ya se hubieran invertido 2000 millones de dólares en el proyecto o que en una pradera próxima a la ciudad texana de Waxahachie se hubieran excavado ya casi 30 de los 82 kilómetros previstos de túnel. Por supuesto, nadie pensó en los avances científicos que ese acelerador de partículas habría hecho posibles. El Congreso consideró que el presupuesto del proyecto estaba fuera de control. La cancelación fue un duro golpe para los físicos de partículas estadounidenses, que tuvieron que renunciar al supercolisionador superconductor mientras veían cómo en la frontera francosuiza se construía el gran colisionador de hadrones, con «solo» 27 kilómetros de circunferencia.

En noviembre de 2011, el Congreso tomó una decisión sobre el futuro del Webb. Podía seguir adelante, pero con un límite presupuestario innegociable: 8000 millones de dólares o nada.

«Si quieren cancelar el proyecto, que lo hagan», diría Mike Menzel a su equipo durante los años siguientes. «A nosotros nos da igual. Ni caso».

Con cierta frecuencia, Menzel tenía que comparecer ante un panel de control (algo que su colaborador Peter Stockman, a quien conocía desde los tiempos del Hubble, comparaba con actuar en una obra de kabuki) para justificar por qué el proyecto era tan largo y costoso. Su explicación más habitual era la que ya había dado cuando Frank Martin le enseñó los planes para el observatorio en Lockheed Martin, a finales de los 90: utilizar análisis para hacer verificaciones (es decir, crear un modelo matemático para la parte del satélite a un lado del escudo solar, otro modelo matemático para la parte que estaba en el otro lado y ver si los resultados de ambos modelos coincidían) dejaba mucho más margen para el error humano que ponerlo todo en una enorme cámara de pruebas y sacudirlo como si no hubiera un mañana (y no lo habría para la misión en caso de que fallara alguna de las pruebas de esfuerzo).

Lo que necesitaba, explicaba Menzel a los paneles de control, era «margen»; y no solo *margen de error*, sino *margen de error más allá del margen de error*. «Las pautas normales no sirven de nada en este caso», insistía Menzel. «Estamos en terreno desconocido», un terreno repleto de problemas previsibles pero, por encima de todo, de riesgos que nadie podía prever; o, según la expresión usada por el personal del proyecto para referirse a ese tipo de problemas: «cosas desconocidas que desconocemos»[2].

---

[2] La expresión parafraseaba lo que había dicho el secretario de defensa estadounidense, Donald Rumsfeld, para explicar la dificultad de adquirir información durante la guerra de Iraq: «Los informes que dicen que algo no ha pasado son siempre interesantes», dijo el 6 de junio de 2002, «porque, como sabemos, hay hechos conocidos que conocemos; hay cosas que sabemos que sabemos. También sabemos que hay hechos desconocidos que conocemos; es

«¿Cuánto margen necesitas?», le preguntaban siempre.

«Tanto como sea posible», respondía.

El Webb había superado todo tipo de obstáculos: sobrecostes, ineptitud, controles del Congreso, comparecencias, todo el proceso de probar desde cero un telescopio espacial... Pero había otro factor que seguía creando problemas a pesar del tiempo transcurrido. Era lo que Menzel denominaba «fallos tontos».

Uno de esos fallos llevó a que unas conexiones defectuosas quemaran algunos componentes eléctricos de los prototipos, como el transductor de presión (algo así como un indicador de nivel) para el propelente. *¿Podemos volar sin transductores de presión?*, se preguntó el equipo de Menzel. La conclusión: *no*. Así que tuvieron que cambiarlos.

Otro fallo tonto: el uso de un disolvente incorrecto que dañó las válvulas de propulsión del observatorio.

Y otro: siete agujeros en el escudo solar.

Y otro más: una prueba de vibraciones del escudo solar que hizo que docenas de tornillos se aflojaran y cayeran a la cámara de pruebas. Los miembros del equipo determinaron que los tornillos tenían poca rosca, pero estuvieron recogiendo tornillos durante meses.

Debido en parte a este tipo de accidentes, la fecha de lanzamiento pasó de octubre de 2018 a junio de 2019. Tras investigar el retraso, la Oficina de Auditoría General del gobierno estadounidense hizo público un análisis que consideraba demasiado optimista la nueva fecha. Apenas un mes más tarde, la NASA tuvo que anunciar un nuevo retraso hasta la primavera de 2020. También se vio obligada a admitir que el Webb había alcanzado el límite presupuestario de 8000 millones de dólares... y que habría que superarlo para poner el telescopio en operación.

En enero de 2019, el Congreso aprobó una nueva inyección de 800 millones de dólares, elevando el gasto total hasta 8800 millones de dólares. El informe asociado era demoledor. «Estamos profundamente decepcionados con la NASA y sus contratistas por la mala gestión, la total falta de control y,

decir, sabemos que hay cosas que no sabemos. Pero hay además hechos desconocidos que desconocemos, cosas que no sabemos que no sabemos». Las burlas comenzaron allí mismo, en aquella sala de prensa en la sede de la OTAN en Bruselas, y todavía duran. Pero Rumsfeld tenía razón. Hay muchas cosas desconocidas que desconocemos no solo en la guerra, sino también en la ciencia.

en general, por la deficiente ejecución del telescopio espacial James Webb», decía el informe. «La NASA y sus socios comerciales parecen creer que el Congreso seguirá financiando este y otros proyectos por tiempo indefinido, a pesar de los continuos retrasos y sobrecostes». Una vez más, el Congreso amenazaba con cancelar el proyecto: «La NASA deberá mantenerse por debajo del límite presupuestario. De lo contrario, tendrá que reducir costes o cancelar la misión».

«Olvidaos de ellos», decía Menzel a su equipo. «No importa lo que digan. Si encontráis un problema, decidlo. Y si eso nos retrasa, pues que así sea». Comparaba los preparativos finales para el lanzamiento con el plegado de un paracaídas: «Un pequeño error y estamos muertos».

Luego llegó la pandemia y con ella un nuevo parón. En julio de 2020 se anunció que el telescopio no despegaría antes del 31 de octubre de 2021.

Los ingenieros llevaban dos años montando los componentes del Webb en el Laboratorio de Propulsión a Chorro de la NASA, a las afueras de Pasadena. Por fin había llegado el momento de que el telescopio iniciara su viaje desde Long Beach hasta la plataforma de lanzamiento en el puerto espacial europeo en la costa nororiental de Sudamérica, cerca de Kourou (Guayana Francesa) y solo unos 500 kilómetros al norte del ecuador. Esa ubicación permite aprovechar el empuje extra que aporta al lanzamiento de un cohete la rotación de la Tierra, que es más rápida cerca del ecuador. Pero el telescopio no se podía transportar en un carguero como cualquier otra mercancía. Necesitaba un contenedor especial con control de humedad y temperatura. (El carguero, por el contrario, tenía que ser tan ordinario y anónimo como fuera posible para evitar la posibilidad, por pequeña que fuese, de que el barco y su carga de 8800 millones de dólares cayeran en manos de piratas.)

El observatorio resistió sin incidentes el viaje de 16 días y 9300 kilómetros por la costa occidental de México, el Canal de Panamá y el río Kourou, hasta llegar al puerto de Pariacabo y finalmente a un edificio de montaje próximo a la base de lanzamiento en la Guayana Francesa. Entonces sufrió una sacudida: una abrazadera a presión se soltó e hizo vibrar todo el observatorio. Aunque se comprobó que no había habido daños, hubo que retrasar el lanzamiento algunos días más.

Incluso el nombre del telescopio se convirtió en una distracción durante esas últimas semanas, aunque fuera solo por una cuestión de relaciones públicas. James Webb había sido subsecretario de estado a finales de los años

40 y principios de los 50, antes de dirigir la NASA en la década de los 60. Durante esos años se produjo lo que los historiadores llaman «terror lila», una purga de empleados homosexuales en organismos federales (supuestamente porque podían ser chantajeados y, por lo tanto, constituían un riesgo para la seguridad). Aunque no se encontraron pruebas definitivas contra James Webb, la acusación resultó lo bastante creíble para que algunos astrónomos decidieran dejar de llamar «Webb» al telescopio y usaran las siglas de su nombre en inglés, «JWST», aunque fuera más difícil de pronunciar[3].

A pesar de su falta de linealidad durante décadas, la misión nunca habría alcanzado esta última fase si no se hubieran hecho bien muchas cosas. Eso era algo que se tendía a olvidar con demasiada facilidad. Aun así, ninguno de los participantes en el proyecto podía saber si se había hecho todo bien hasta que el Webb hubiera no solo despegado con el cohete Ariane 5 que lo transportaba, sino también sobrevivido a lo que los medios de comunicación denominaron «seis meses de terror». Durante esos meses, el observatorio debía superar 344 «puntos únicos de fallo» (en la jerga de la NASA): pruebas tecnológicas que revelarían si las extraordinarias invenciones desarrolladas expresamente para la misión funcionaban como debían sobre el terreno (es decir, en el espacio). Un fallo en cualquiera de esas pruebas significaría el fin de todo el proyecto.

Pero lo que más preocupaba a los científicos del Instituto y la NASA no eran esos seis primeros meses, sino los primeros treinta días. O incluso las dos primeras semanas, que era cuando el Webb debía realizar algunas de sus pruebas más complejas.

Los fuertes vientos previstos para el 24 de diciembre de 2021 forzaron un último retraso del lanzamiento. El día 25 de diciembre por la mañana, muchas personas estaban expectantes en los dos pisos del centro de control en el Instituto, en el auditorio de la planta baja, en salas de centros aeroespaciales repartidos por el mundo y frente a pantallas de ordenadores en todos los continentes.

A las siete y media de la mañana, hora de Baltimore (la hora de referencia para recibir comunicaciones del Webb desde el espacio), la Agencia Espacial Europea recuperó una reliquia de la carrera especial de los años 60: la cuenta atrás hasta el despegue.

---

[3] El nombre más utilizado por el público no científico es Webb, no JWST, y este libro sigue el mismo criterio.

Dix...
Neuf...
Huit...
Sept...
Six...
Cinq...
Quatre...
Trois...
Deux...
Unité...
...[4]
Décollage !

Aquellas «dos semanas de terror» no fueron las peores en la vida de Mike Menzel. No era la primera vez que pasaba por algo así.

La vez anterior, el terror no había dado tregua; estuvo presente día tras día, sin dejarle tiempo siquiera para respirar. La primera buena noticia llegó al cabo de una semana: su hijo de nueve años, que estaba recibiendo quimioterapia, empezó a responder al tratamiento. Pero era solo una leve esperanza y aún no había motivos para el optimismo. Los días pasaban cargados de incertidumbre: momentos de impotencia que se hacían eternos, sin nada que hacer salvo esperar. Menzel no pudo empezar a relajarse hasta el final de la segunda semana, cuando los médicos le comunicaron que el cáncer de su hijo había entrado en remisión.

Menzel no podía dejar de apreciar un extraño paralelismo entre ambas situaciones. «Son las segundas dos semanas más angustiosas de mi vida», confesó a sus amigos mientras 2021 dejaba paso a 2022. Pese a todo, su experiencia personal le ayudó a ver en perspectiva todos los problemas en la puesta en servicio del telescopio, lo que tal vez explique su optimismo ante la constante amenaza de que el Congreso cancelara una misión a la que había dedicado la mitad de su vida profesional. No era lo peor por lo que había pasado.

---

[4] [*Pause dramatique*]

Tampoco era lo mejor. Nada podía superar la recuperación de su hijo tras la leucemia. Aun así, las dos primeras semanas del Webb en el espacio fueron todo un espectáculo.

El lanzamiento había ido de maravilla, lo mismo que la separación del vehículo de transporte media hora después del despegue. Pero esas cosas, aunque podían terminar en catástrofe, no dejaban de ser rutinarias, al menos en un contexto tan demencial como el envío de un cohete al espacio. La primera vez que se pusieron realmente a prueba los avanzados sistemas del Webb fue tres minutos después de que el telescopio se separara del vehículo de transporte, cuando debían desplegarse los paneles solares que proporcionarían energía para ahorrar batería.

El centro de operaciones de la misión ocupaba dos salas en la segunda planta del Instituto de Ciencias del Telescopio Espacial. Sentados ante sus monitores en la sala delantera, alrededor de cincuenta controladores transmitían instrucciones al observatorio y veían imágenes en directo del cohete. En la sala trasera, al otro lado de una ventana, estaban los ingenieros. Y entre ellos Menzel, que ya había informado a su equipo de que, en el momento en que se desplegaran los paneles solares, los mecanismos correspondientes estarían orientados en dirección contraria al Sol.

«¿No podremos verlo, entonces?», preguntó alguien a su espalda.

Menzel negó con la cabeza.

«¡Mike!», oyó que le llamaban.

Menzel se giró. John Durning, subdirector del proyecto y amigo personal de Menzel, además de compañero de trabajo, le hacía señas desde detrás del cristal. Durning señaló un monitor que mostraba imágenes en directo.

«¡Mira esto!», le dijo.

¿Qué? ¿Por qué? Faltaban uno o dos minutos para que se desplegaran los paneles.

Menzel echó un vistazo y no vio más que saturación, una sobreexposición a la luz que borraba cualquier imagen.

El observatorio estaba orientado hacia el Sol.

«¡No puede ser!», exclamó.

Menzel había estimado el momento en que se produciría el despliegue de los paneles solares suponiendo que el observatorio estaría tres minutos oscilando después de separarse del cohete; es lo que los ingenieros espaciales llaman «tiempo de separación». El ordenador de a bordo únicamente desplegaría los paneles cuando el telescopio se hubiera estabilizado lo suficiente. Pero la saturación indicaba que el despliegue había comenzado antes de lo previsto, tal vez porque la separación del telescopio del cohete había sido mucho más suave de lo que imaginaban.

Apenas había pasado media hora desde el lanzamiento, pero el telescopio ya había ahorrado un montón de combustible. *¡Más margen!*

Doce horas después del lanzamiento, justo cuando estaba previsto, se produjo la primera corrección de trayectoria. Dos días después tuvo lugar la segunda. Y ocho días más tarde, cuando el telescopio se encontraba a 800 000 kilómetros de la Tierra o a mitad de camino de su destino, empezó a desplegarse el escudo solar.

El escudo solar era uno de los elementos desarrollados expresamente para la misión. El lado del observatorio orientado hacia el Sol estaría a una temperatura de 110 grados Celsius, mientras que el que miraba hacia el resto del universo debía estar a unos -237 grados Celsius, una diferencia de casi 350 grados. Los técnicos del Webb habían creado una estructura recubierta de aluminio y silicio que constaba de cinco capas. La primera capa estaba expuesta al Sol y tenía 0,05 milímetros de grosor. Las otras cuatro capas tenían el doble de grosor, aunque era un «grosor» algo relativo: estas capas eran treinta veces más finas que un cabello humano, en lugar de «solo» dieciséis. La distancia total entre la primera capa y la última era de 4 metros y el conjunto tenía un FPS (factor de protección solar, como en las cremas solares) de un millón. Una vez desplegado el escudo, la primera capa mediría 21 metros de largo por 14 de ancho; las otras serían algo más pequeñas, pero muy poco.

El proceso de despliegue se inició el 31 de diciembre y consistía en activar por grupos un total de 107 mecanismos. Los primeros 93 se activaron correctamente, según los sensores de movimiento, pero algo falló en la activación del último grupo de 14 mecanismos.

En la sala trasera del centro de operaciones de la misión, Menzel y su equipo observaban los monitores. Eran profesionales y sabían mantener la calma, pero en el fondo lo sabían: *esto es lo peor que podía pasar.* Si era cierto que los últimos mecanismos habían fallado, el escudo solar se rasgaría y el telescopio, 100 millones de horas-persona, más de tres décadas de trabajo, cerca de 9000 millones de dólares y, probablemente, el destino de la NASA le seguirían en su caída hacia el abismo.

Pasaron unos minutos.

Nada.

Pasó media hora.

Nada, aparte de unos cuantos ingenieros esperando, haciendo su trabajo y tratando de no moverse demasiado para que no cundiera el pánico.

De pronto, más o menos una hora después del despliegue (o no) del escudo solar, se alzó una voz detrás de Menzel.

«Espera un momento». Era un ingeniero térmico. Estaba examinando las medidas de un termistor (un sensor térmico) instalado a bordo de la nave, cerca de los mecanismos de despliegue que parecían haber fallado. Justo en el momento en que el control de la misión había activado el mecanismo número 107, anunció, ese termistor había pasado de caliente a frío. Eso quería decir que algo se había interpuesto entre el termistor y el Sol. ¿Cuál podía ser el origen de esa sombra sino el propio mecanismo, una cubierta enrollable que debía bloquear el Sol una vez desplegada?

Nadie había visto que se desplegara, pero tenía que ser así. Una crisis que podría haber dado al traste con toda la misión había resultado ser solo un susto.

Los meses siguientes fueron por el estilo.

El 4 de enero de 2022, el observatorio desplegó el espejo secundario del telescopio. «Estamos a un millón de kilómetros de la Tierra», anunció a su equipo el director del proyecto Webb, Bill Ochs, en el centro de operaciones de la misión en Baltimore, «y ya tenemos telescopio».

No exactamente. Todos los que le escuchaban sabían que, en un telescopio reflector (un telescopio con espejos), la luz impacta en un espejo primario y luego rebota hasta un espejo secundario mucho más pequeño, que la redirige hacia los instrumentos. Y todo el mundo sabía a qué se refería Ochs al decir «ya tenemos telescopio». Pero todos sabían también que no tendrían un telescopio *de verdad* mientras no se desplegara el espejo primario.

Los días 6 y 7 de enero se desplegó por fin el espejo primario; o, para ser más exactos, los dieciocho espejos hexagonales que se combinaban para funcionar como un gigantesco espejo. Este tipo de diseño no se había empezado a usar en astronomía hasta principios de los años 90, cuando las lentes monolíticas de un solo espejo alcanzaron su límite tecnológico. Un espejo más grande puede recibir más luz, pero el proceso de pulido resulta más caro y complicado y, además, también la estructura de soporte tiene que ser mucho más pesada. A partir de un cierto diámetro (entre 6 y 8 metros), no existía la tecnología necesaria para fabricar unos espejos que, en cualquier caso, tendrían un coste prohibitivo. Entonces se empezó a utilizar el espejo segmentado, un mosaico de espejos hexagonales más pequeños con forma de panal. Los primeros telescopios que emplearon grandes espejos de este tipo, en 1993 y 1996, fueron el Keck I y el Keck II en los observatorios de Mauna Kea, sobre la cumbre de un volcán inactivo en la isla de Hawái, y desde entonces se habían usado en muchos grandes observatorios como el Webb.

Aunque el diámetro exterior del espejo primario del Webb estaba técnicamente por debajo del límite de 8 metros, una lente monolítica de ese tamaño habría sido demasiado pesada para lanzarla al espacio. Lo mismo ocurría con dieciocho espejos más pequeños, al menos en caso de estar fabricados siguiendo el método convencional. Por eso los ingenieros del Webb (en parte por indicación de Goldin) decidieron fabricar los espejos con berilio, que es un material resistente y relativamente ligero, y recubrirlos de oro.

Pero el principal problema no era el peso de los espejos, sino su tamaño. El espejo primario tenía un diámetro total de más de 6,5 metros (frente a los 2,4 metros del espejo del Hubble), demasiado ancho para transportarlo en un cohete. Los ingenieros tuvieron que recurrir al ingenio para encontrar una solución: dividir el panal en secciones que se podían plegar para cargarlas en el cohete y que, una vez en el espacio, se desplegarían como una figura de origami.

El 24 de enero, después de una última corrección de trayectoria, el Webb alcanzó su definitivo lugar de reposo (por llamarlo de alguna manera): una región del espacio a la que los astrónomos denominan segundo punto de Lagrange (L2), uno de los cinco lugares del sistema solar que, como determinó en el siglo XIX el matemático francoitaliano Joseph-Louis Lagrange, se mantienen estacionarios con respecto a la Tierra en sus órbitas alrededor del Sol. En un punto de Lagrange, las fuerzas gravitatorias de la Tierra y el Sol se compensan de tal manera que la órbita de un objeto en torno al Sol está sincronizada con la órbita de la Tierra, como si viajaran juntos.

Como ya había ocurrido en otras ocasiones,[5] esta convergencia gravitatoria resultaba muy práctica para el Webb. Al orbitar en sincronía con la Tierra, el Webb solo tendría que consumir combustible para cambiar de posición de vez en cuando, por lo que la vida útil de la misión sería mucho más larga.

En el caso de un observatorio de infrarrojos, L2 tiene además la ventaja de estar siempre en la sombra de la Tierra, como en un perpetuo eclipse solar. La posición de L2, al otro lado de nuestro planeta con respecto al Sol, reduce la exposición no solo a la luz, sino también a las elevadas temperaturas que impedirían realizar observaciones en el infrarrojo.

Pocos días después de que el Webb llegara a L2, el control de la misión empezó a activar los cuatro instrumentos del telescopio.

Los dieciocho espejos no eran más que una primera escala para los fotones que pronto se sacrificarían por la ciencia. Tras rebotar en esas superficies, debían converger en el espejo secundario para luego salir despedidos hacia uno de los cuatro instrumentos científicos del Webb. Tres de esos instrumentos cubrirían el mismo intervalo de longitudes de onda (de 0,6 a 5 micras) de manera complementaria.

La cámara de infrarrojo cercano, desarrollada conjuntamente por la Universidad de Arizona y Lockheed Martin, sería el sistema principal del telescopio para captar imágenes en el infrarrojo cercano. Esta cámara incluía un coronógrafo, un disco opaco que sirve para bloquear la luz del Sol como cuando nos tapamos los ojos con la mano. El coronógrafo resulta especialmente útil para estudiar planetas que giran en torno a una estrella, ya que bloquea la intensa luz de la estrella y permite detectar la luz procedente de planetas y otros objetos.

---

[5] Otros proyectos que han ocupado L2 (y que siguen haciéndolo, aunque ya no estén operativos) son la sonda Wilkinson de anisotropía de microondas (WMAP) y los observatorios espaciales Herschel y Planck.

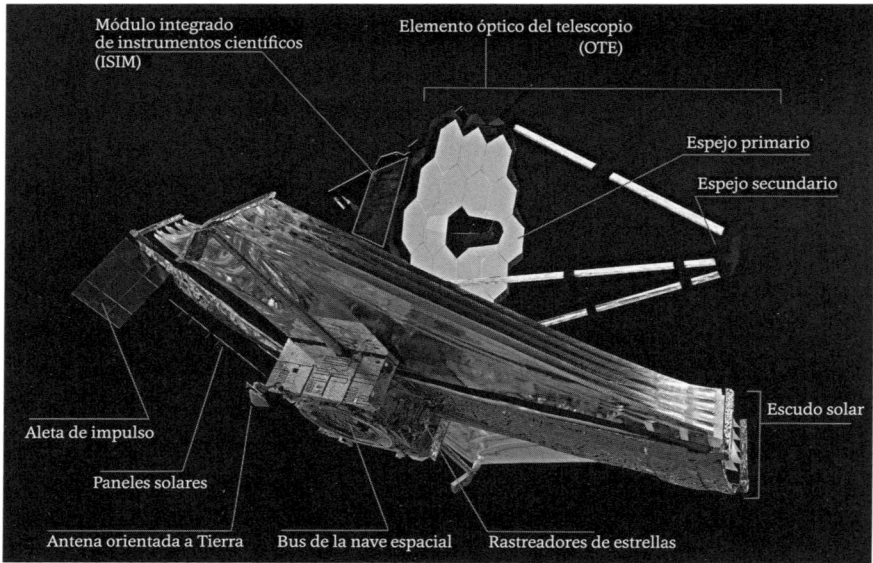

Con todo el equipo. El telescopio espacial Webb consta de dos partes, una de ellas orientada hacia el Sol y la otra en la dirección contraria. Esas dos mitades están separadas por el escudo solar. Al haber una diferencia de temperatura de varios cientos de grados entre las dos partes, los ingenieros no pudieron probarlas juntas en un mismo lugar, por lo que el propio espacio tuvo que funcionar como «cámara de pruebas». En el lado orientado hacia el Sol están los paneles solares y el bus de la nave espacial, que alberga las funciones de soporte del Webb (subsistema eléctrico, subsistema de control de posición, subsistema de control y tratamiento de datos, subsistema de propulsión y subsistema de control térmico). Al otro lado del escudo solar está el telescopio. Los fotones impactan con los dieciocho segmentos del espejo primario y salen rebotados hacia el espejo secundario, que los envía al módulo integrado de instrumentos científicos. Allí están los cuatro instrumentos astronómicos del Webb (la cámara de infrarrojo cercano, el espectrógrafo de infrarrojo cercano, el instrumento de infrarrojo medio y el sensor de guía fina/generador de imágenes y espectrógrafo sin ranuras), que procesan los datos según las especificaciones de los astrónomos.

El espectrógrafo de infrarrojo cercano, fruto de la colaboración entre la Agencia Espacial Europea y Airbus Industries, se encargaría de obtener datos sobre las propiedades físicas y químicas de los objetos observados. La NASA también había incluido un sistema de micro-obturadores con 248 000 «puertas» que los controladores podían manipular por separado para adquirir espectros simultáneos de hasta un centenar de objetos o puntos en el espacio.

El generador de imágenes y espectrógrafo sin ranuras en el infrarrojo cercano, desarrollado por la Agencia Espacial Canadiense y Honeywell International, incluía una opción de enmascaramiento que, en la práctica, convertiría al Webb en un interferómetro, un instrumento que emite haces de luz por distintas trayectorias ópticas. En el caso del Webb, la separación de la luz permitiría captar imágenes de objetos brillantes con una resolución mayor que la de otros sistemas.

El cuarto instrumento funcionaba casi exclusivamente en un intervalo de longitudes de onda distinto del de los otros tres. El instrumento de infrarrojo medio, resultado de la colaboración entre un consorcio europeo y el Laboratorio de Propulsión a Chorro, cubría el intervalo entre 4,9 y 27,9 micras, claramente en la región infrarroja del espectro electromagnético, a donde la expansión del espacio habría llevado la luz visible emitida por los objetos más lejanos (y más antiguos, por tanto) del universo. Eso significaba que sería más sensible al calor que los otros tres instrumentos del Webb (ya que el calor emite radiación térmica que se refleja en el espectro infrarrojo). La exposición al vacío cósmico no era suficiente para conseguir el nivel de enfriamiento necesario en este caso, por lo que hubo que instalar un refrigerador de helio. Pero faltaba todavía un mes para que ese sistema de refrigeración criogénica pusiera el instrumento a la temperatura deseada: 7 grados Celsius por encima del cero absoluto, muchos grados menos que los otros equipos.

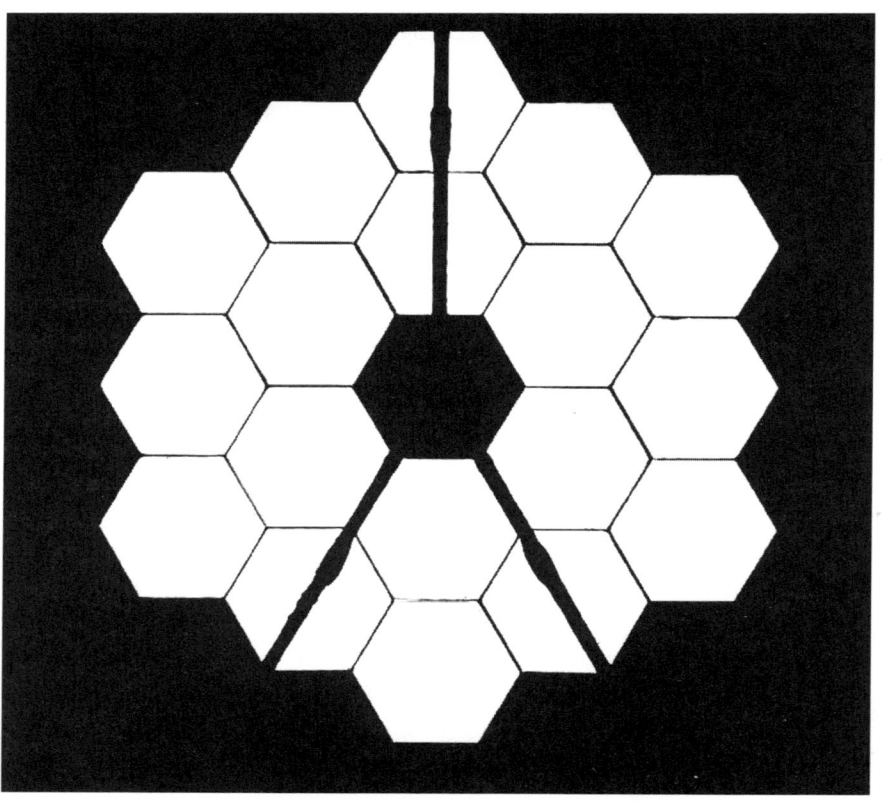

Un selfie del Webb. Esta imagen de los dieciocho segmentos que forman el espejo primario fue obtenida por una cámara especial (no astronómica) instalada a bordo del Webb. Los ingenieros utilizaron esta cámara para alinear los distintos segmentos de manera que generen una imagen uniforme

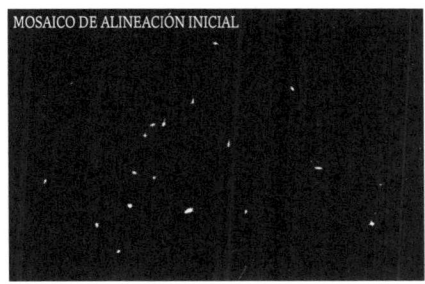

MOSAICO DE ALINEACIÓN INICIAL

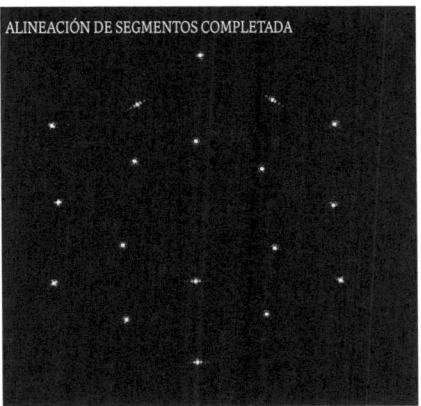

ALINEACIÓN DE SEGMENTOS COMPLETADA

IMAGEN DE EVALUACIÓN DE LA ALINEACIÓN DEL TELESCOPIO

[Arriba] En el momento de la «primera luz», los dieciocho segmentos del espejo reflejaron dieciocho imágenes de la misma estrella. En segundo plano se observan puntos brillantes. «Estas cosas no son estrellas», dijo Mike Menzel al ver esta imagen por primera vez. «Las grandes sí, pero todas las demás son *galaxias*».
[Centro] Tras realizar numerosos ajustes en cada uno de los espejos, los ingenieros consiguieron hacer coincidir las dieciocho imágenes.
[Abajo] La imagen compuesta de las dieciocho anteriores, conocida oficialmente como «imagen de evaluación de la alineación».

El telescopio abrió los ojos (vio su «primera luz», como dicen los astrónomos) el día 2 de febrero. Los ingenieros habían seleccionado una estrella para probar cómo funcionaba. Cada uno de los espejos del telescopio reflejó su propia imagen de la estrella, todas ellas diferentes. Como era de esperar, la posición de la estrella en las imágenes variaba de un espejo a otro. Controlados por el responsable del elemento óptico del telescopio, Lee Feinberg, los mecanismos instalados en la parte posterior del espejo primario ajustaron los distintos segmentos hasta alinear todas las imágenes de la estrella. Aunque desenfocada, *allí* estaba: una estrella.

«Mike», dijo Feinberg a Menzel, «esto va a funcionar de maravilla».

Los dos ingenieros estaban reunidos en el despacho de Menzel para revisar las primeras imágenes compuestas. Menzel asintió: el Webb iba a funcionar de maravilla. Entonces le pareció ver algo.

Se acercó un poco más a la pantalla del ordenador.

Incluso en las imágenes de estrellas individuales de la Vía Láctea, lo normal es que aparezcan otras estrellas en segundo plano. Al fin y al cabo, nuestra galaxia contiene montones de estrellas, miles de millones de ellas. Si dirigimos un telescopio espacial ultrapotente hacia un rincón del firmamento, casi siempre veremos puntos de luz distintos del que queremos estudiar. Menzel señaló algunos.

«Lee, estas cosas no son estrellas», anunció. «Las grandes sí, pero todas las demás son *galaxias*». Empezó a reír. «No me lo puedo creer», dijo. «Fíjate. Y ni siquiera lo hemos enfocado todavía».

Y 19 horas, más 1500 imágenes de prueba y 54 gigabytes de datos más tarde, finalmente enfocaron el telescopio.

Aunque parecía un sueño, todo en torno al Webb empezaba a parecer lineal.

A lo largo de los siguientes meses, los técnicos no dejaron ni un instante de supervisar el progreso de la misión. La pandemia les obligó a mantener las distancias y a usar mascarillas, pero también a encontrar la forma de trabajar desde casa sin que eso afectara al proyecto. En el Instituto había puestos de comida que se colocaban frente al edificio en San Martin Drive;

algunos no tenían más que comida rápida, pero otros ofrecían platos más exóticos como sándwiches de cangrejo, una exquisitez de Baltimore. Las mesas de trabajo estaban decoradas con pelotas antiestrés y amuletos que, aunque no fueran demasiado científicos[6], parecían funcionar.

Los ordenadores de a bordo detectaban de vez en cuando un fallo imprevisto y ponían el observatorio en «modo seguro», lo que básicamente consistía en apagar el telescopio. En el Instituto, los ingenieros tenían que dedicar una o dos horas a identificar el problema y crear un parche de software para que todos los sistemas volvieran a funcionar.

Así transcurrieron los «seis meses de terror», sin ningún incidente digno de mención salvo un pequeño susto (para algunos, al menos): cierto día de finales de mayo, un micrometeorito se estrelló contra uno de los dieciocho segmentos que formaban el espejo primario.

Todos sabían que eso tenía que ocurrir tarde o temprano. El espacio no está vacío. Es muy grande, desde luego, pero nuestro sistema solar todavía sigue evolucionando. Empezó a formarse hace apenas 4500 millones de años y, aunque hace mucho que terminó la acumulación inicial de gas y otros materiales en una estrella central, planetas y satélites, aún queda en él mucho polvo cósmico. Los ingenieros del observatorio incluso habían simulado el impacto de objetos con el tamaño de micrometeoritos en muestras del espejo, ya que era algo que se consideraba inevitable.

Por eso nadie se sorprendió demasiado cuando, un día cualquiera de mayo de 2022 y en un tramo cualquiera de L2, la trayectoria de un micrometeorito en el espacio y en el tiempo se cruzó con el observatorio. De hecho, el telescopio ya había registrado cuatro impactos de ese tipo. Lo que sí resultó una sorpresa fue el tamaño del micrometeorito, cerca del límite superior de lo que podía soportar el espejo primario según los cálculos matemáticos.

¿Sería un hecho fortuito? Ojalá, porque entonces no habría problema.

Pero ¿y si no lo era? ¿Y si era solo un aviso, un primer ejemplo de algo que se repetiría con cierta frecuencia? En tal caso, el telescopio estaba preparado para sobrevivir a una lluvia de rocas de tamaño similar, aunque era poco probable que la esperanza de vida de la misión superara el mínimo previsto de cinco años.

---

[6] Más bien nada.

«¿Estás preocupado?», preguntó a Menzel uno de los ingenieros.

Menzel soltó una carcajada.

«Llevas veinte años acusándome de acumular margen», contestó. «Ahora tengo margen de sobra. *Por eso* puedo dormir tranquilo».

El 12 de julio de 2022 se pudo decir al fin que la visión y la misión del Webb habían convergido. Fue el día en que el Webb pasó del modo de pruebas al modo científico. A partir de entonces, el telescopio pertenecería a los astrónomos que habían conseguido tiempo de observación después de explicar qué querían observar, por qué querían hacerlo y por qué consideraban que el Webb era indispensable para cumplir esos objetivos.

Cuando Edwin Hubble afirmó que la historia de la astronomía es «una historia de horizontes cada vez más lejanos», fue como si estuviera describiendo los distintos dominios que definirían los objetivos del Webb.

Primer horizonte: la frontera entre nuestro mundo y los planetas y satélites del sistema solar.

Segundo horizonte: las estrellas y planetas que forman el resto de la Vía Láctea más allá del sistema solar.

Tercer horizonte (el que había cruzado el propio Edwin Hubble): las galaxias que están más allá de la nuestra.

El cuarto y último horizonte, desde el punto de vista de los objetivos del Webb, era un horizonte que Hubble no había podido prever, aunque tampoco le habría sorprendido que más allá de las galaxias hubiera un horizonte a la espera de futuras generaciones de astrónomos: la primera luz en el universo.

El día antes de que el Webb pasara del modo de pruebas al modo científico, el Presidente Joe Biden presentó a la opinión pública una primera imagen en una ceremonia celebrada en el edificio Eisenhower de oficinas ejecutivas, situado al otro lado de la calle desde el despacho oval de la Casa Blanca. La imagen elegida para mostrar al mundo el increíble poder de percepción del Webb era un secreto para todos, salvo unos pocos privilegiados como Menzel. Se trataba de una actualización de la imagen que, más de un cuarto de siglo atrás, había demostrado tener tal impacto visual que, sin ella, es muy posible que el Webb no hubiera llegado nunca a estar sobre la mesa, y mucho menos en la plataforma de lanzamiento: el campo profundo del Hubble.

«Se parece al campo profundo del Hubble», dijo Catherine Menzel a su marido cuando, como el resto del mundo, vio la imagen por primera vez durante la retransmisión en directo del acto.

Mike Menzel necesitó unos segundos para recuperar la compostura.

«Tienes razón, cariño. Pero el Hubble tardó catorce días en obtener *esa* imagen. Nosotros solo necesitamos doce horas para conseguir *esto* y superar al Hubble. Y no tuvimos que hacer *nada extraordinario*».

Eso fue lo que contestó a su esposa.

La primera vez que vio la imagen junto con sus colegas había sido mucho más explícito: «*Holy shit*»*.

---

* La traducción se deja como ejercicio (trivial) para el lector *(N. del T.)*.

PARTE II

CUATRO HORIZONTES

3

Primer horizonte:
nuestro hogar y alrededores

Heidi Hammel se había quedado muda.

No era algo que le ocurriera con frecuencia. Siempre se había distinguido como una gran defensora de todo lo relacionado con la astronomía, alguien que sabía cómo convertir los conceptos científicos más complejos en algo atractivo y comprensible para todos. A menudo recurrían a ella como divulgadora. No era extraño que la invitaran a hacer presentaciones en público o a dar conferencias en universidades. Otras veces colaboraba con medios informativos tan importantes como la CNN o el *New York Times*, o simplemente ayudaba a un colega que necesitaba consejo.

Esta vez la había llamado un amigo de la NASA. Quería que echara un vistazo a una imagen del Webb y le propusiera cómo explicarla en un comunicado de prensa.

Hammel abrió el fichero en el ordenador de su casa.

No dijo nada. No tenía nada que decir. Se quedó mirando en silencio, sin moverse y con un nudo en la garganta. La pantalla mostraba una imagen que había esperado en vano durante más de tres décadas, casi toda su vida profesional. Allí estaban: los anillos de Neptuno.

Apenas podía contener las lágrimas.

«Mamá», exclamó dirigiéndose a la única persona que podía oírla, ahora que sus hijos ya se habían independizado y su marido estaba trabajando.

«¡Mamá!», insistió. «¡Ven a ver esto!»

Las pisadas procedentes del piso de arriba le decían que pronto habría otra persona allí con ella, pero no podía esperar tanto. Necesitaba mostrar la imagen a alguien. Alejó la silla de la pantalla y se agachó para recoger al gato del suelo. Aunque sabía que era ridículo, levantó al gato y lo colocó delante de la pantalla.

«¡Mira!», ordenó al gato. «¡Fíjate en esos anillos!»

En 1609, cuando Galileo empezó a salir todas las noches (siempre que no hubiera nubes) al jardín de su casa en Padua armado con su *perspicillum*, el universo estaba dividido en dos.

Por una parte estaba el mundo terrestre, del latín *terra*, y por la otra el celeste, del latín *caelum*. Esos dos mundos eran lo único que había en el cosmos: la Tierra y todo lo demás.

Esa bifurcación cósmica había sido suficiente hasta entonces. Incluía un cierto número de objetos que estaban presentes en el firmamento desde que nuestra especie poblaba la sabana africana: la Luna, el Sol, cinco *planetas asteres* (así llamaron los griegos a las estrellas errantes: Mercurio, Venus, Marte, Júpiter y Saturno) y un coro de estrellas fijas moviéndose al unísono en su viaje alrededor de la Tierra. Cuando orientó su rudimentario telescopio hacia el mundo celeste, Galileo no tenía ningún motivo para pensar que encontraría algo nuevo. Y así podría haber sido, pero no fue eso lo que ocurrió.

Cuando en los primeros días de enero de 1610 observó puntos luminosos a ambos lados de Júpiter, supuso que eran estrellas demasiado débiles para resultar apreciables a simple vista, como muchos otros puntos de luz que aparecían en su telescopio. En las noches siguientes, sin embargo, se dio cuenta de que esas «estrellas» iban variando en número y posición, a veces incluso en el curso de una misma noche. Tras seguir su movimiento durante un par de semanas, llegó a la conclusión de que no se trataba de estrellas, sino de cuatro satélites que orbitaban en torno a Júpiter. Así demostró que la Tierra no era el centro de todas las rotaciones celestes. No obstante, el hecho de que Júpiter fuera el centro de una serie de rotaciones no significaba que el conjunto del cosmos no girara en torno a la Tierra. El modelo geocéntrico estaba a salvo, de momento.

Aquel mismo año, sin embargo, Galileo empezó a observar Venus y descubrió que el planeta pasaba por fases similares a las de la Luna, con una sucesión de cuartos crecientes y menguantes. Técnicamente era posible que Venus girara alrededor del Sol mientras este orbitaba en torno a la Tierra, del mismo modo que Júpiter podía tener satélites sin dejar de girar alrededor de nuestro planeta. Los astrónomos llevaban dos milenios haciendo este tipo de contorsionismos lógicos para mantener a la Tierra en el centro del universo, pero ahora había pruebas empíricas: observaciones que eliminaban esa distancia entre *la Tierra y todo lo demás* que Aristóteles había considerado infranqueable. Y esas pruebas indicaban que, sin lugar a dudas, el modelo propuesto por el erudito polaco Nicolás Copérnico unas siete décadas antes, según el cual el Sol ocupaba el centro del universo, no era solo una proeza matemática, sino también un fiel reflejo de la realidad.

«Solo a mí me fue dado descubrir todos los nuevos fenómenos del cielo», escribiría años más tarde Galileo, «y no quedó nada para nadie más». Y sin duda habría estado en lo cierto si otros astrónomos no hubieran seguido aumentando la potencia de aumento del telescopio con sus propias innovaciones; por ejemplo, ajustando la curvatura de las lentes en los extremos y alargando el tubo.

En 1655, trece años después de la muerte de Galileo, el astrónomo neerlandés Christiaan Huygens empleó un telescopio de 50 aumentos para descubrir un nuevo satélite, esta vez en torno a Saturno. Un año más tarde, un telescopio dos veces más potente le permitió resolver un misterio que había vuelto loco a Galileo: el de las «asas» que aparecían y desaparecían a ambos lados de Saturno. Esas protuberancias, escribió Huygens, eran en realidad «un anillo fino y plano sin contacto alguno» con el planeta (la visibilidad del anillo dependía de su orientación con respecto a la Tierra). En las décadas siguientes, Giovanni Domenico Cassini identificó otros cuatro satélites de Saturno y determinó que el planeta no estaba rodeado por un anillo, sino por *varios* anillos con huecos entre ellos.

Se había superado un horizonte. Nuestro planeta ya no era distinto de todo lo demás. El término *terrestre* seguía refiriéndose solo a la Tierra, pero ahora esta era también un objeto celeste; un planeta más en el sistema solar, por emplear un término que no se empezaría a usar hasta principios del siglo XVIII. Las dos palabras que forman este término son igualmente importantes: *sistema* porque, según la ley de la gravitación universal introducida por Newton apenas una generación antes, en 1687, todos nuestros movimientos son mutuamente dependientes; y *solar* porque todos orbitamos en torno a la misma estrella, el Sol.

En los primeros años del siglo XXI, cuando la encuesta decenal dio el visto bueno oficial al telescopio espacial de la próxima generación, el censo del sistema solar había crecido de manera considerable: nueve planetas en lugar de seis, docenas de satélites, más anillos en torno a planetas e incluso anillos alrededor de satélites. Para entonces, el telescopio había alcanzado la fase de desarrollo y sus posibles funciones eran todavía objeto de debate. Sus objetivos incluían los dos que habían definido la misión desde los años 80: planetas en otros sistemas estelares de nuestra galaxia y galaxias lo más cercanas posible al origen del universo. Ahora había llegado el momento de crear un grupo de trabajo científico para determinar qué era lo que debía hacer el telescopio. ¿Se podría usar, por ejemplo, para hacer investigaciones en el campo de las ciencias del sistema solar, accidentalmente inaugurado por Galileo?

Preguntas de ese tipo eran justamente las que Dan Goldin pretendía evitar en los años 90 con su modelo «más rápido, más eficaz, más barato». Y lo cierto es que se habían obtenido algunos éxitos notables: la misión Mars Pathfinder, que en 1997 llevó el vehículo Sojourner a la superficie de Marte, y la misión Lunar Prospector, que en 1998 encontró pruebas de la existencia de agua helada en la Luna.

Pero en 1999 llegaron tres misiones que no solo fracasaron, sino que lo hicieron además por motivos bastante embarazosos. Debido a un error de diseño, el explorador infrarrojo de campo amplio (WIRE) perdió la protección antipolvo del telescopio pocas horas después del lanzamiento. La sonda Mars Polar Lander sufrió lo que pareció ser una parada prematura del motor durante la aproximación de la nave a la superficie de Marte; en cualquier caso, se estrelló. Pero el peor desastre fue el de la sonda Mars Climate Orbiter, que entró en la atmósfera marciana siguiendo una trayectoria incorrecta porque alguien había olvidado convertir las unidades del sistema anglosajón al sistema métrico decimal.

En 2002 ya no estaba Goldin, víctima tanto del cambio de gobierno de 2001 como de los errores de 1999, y la NASA regresó a su filosofía tradicional: menos misiones, pero más equipadas y con un coste más alto. Cuando Heidi Hammel estudió los planes para la década siguiente desde el punto de vista de su propio campo, pronto descubrió que no incluían ninguna nueva misión planetaria. Por eso solicitó que la incluyeran en el grupo de trabajo científico como experta en ciencias del sistema solar, entre otras cosas porque, si el telescopio espacial de la próxima generación no lo remediaba, era muy posible que nunca hubiera una nueva generación de astrónomos especializados en el sistema solar.

En términos generales, la investigación en astronomía se puede dividir en dos fases. La primera es la de «descubrimiento», como cuando dirigimos el telescopio hacia un punto prometedor para ver qué encontramos. Esta forma de investigación necesita nuevos instrumentos y territorios inexplorados. Es lo que hizo Galileo cuando llevó el telescopio a su jardín y observó Júpiter para ver qué había allí (y lo que vio cambió para siempre nuestra idea del universo). Y es también lo que hizo, al menos al principio, el telescopio Hubble cuando escudriñó en un «campo profundo» (y lo que vio cambió para siempre nuestra idea del universo).

Pero los programas de observación del Hubble ya habían dejado atrás la fase de descubrimiento para pasar a la siguiente fase: la de hipótesis, análisis e interpretación. Ahora que sabemos lo que hay ahí fuera, ¿qué es lo siguiente que necesitamos averiguar? Ahora que hemos visto los miles de galaxias que contiene el campo profundo del Hubble, ¿qué es *exactamente* lo que queremos saber de ellas? Hay que definir los objetivos con la máxima precisión, explicando con detalle cómo se van a alcanzar y justificando el uso que se quiere hacer del instrumento.

La solicitud de Hammel para formar parte del grupo de trabajo científico fue aceptada. Como cabía esperar, su propuesta era del tipo «descubrimiento». En sus propias palabras: «se dan las condiciones para que prácticamente cualquier observación abra la puerta a nuevas investigaciones». Unos años más tarde, ya cerca del lanzamiento, un comité se encargaría de asignar tiempo de observación para búsquedas más específicas. Mientras tanto, la labor de Hammel en el grupo de trabajo consistía en «hacerse oír», o al menos así lo veía ella. Año tras año, fue de reunión en reunión defendiendo en todo momento un instrumento que pudiera hacer las dos cosas que son fundamentales para las ciencias del sistema solar: seguir el movimiento de objetos rápidos (como cometas, asteroides o satélites) y observar directamente objetos brillantes (como Marte o la Gran Mancha Roja de Júpiter). Desde su punto de vista, lo que estaba en juego era nada menos que el futuro de un campo que ella misma había contribuido a definir.

Tras graduarse en la Universidad de Hawái a mediados de los 80, Hammel decidió especializarse en los planetas exteriores, un campo todavía poco explorado. Urano y Neptuno eran mundos tan lejanos que los astrónomos apenas si habían empezado a estudiarlos con un mínimo de detalle. Urano se encuentra a más de 16 unidades astronómicas (UA) de la Tierra, es decir, a una distancia dieciséis veces mayor que los 150 millones de kilómetros que separan la Tierra del Sol: 2400 millones de kilómetros. Neptuno está casi el doble de lejos, a cerca de 29 UA. Sin embargo, ambos planetas estarían muy pronto al alcance de los astrónomos. El Voyager 2, una sonda de la NASA lanzada en 1977, no tardaría en pasar por Urano y Neptuno en un viaje que debía llevarlo más allá del sistema solar. Nadie sabía lo que podría descubrir el Voyager 2, pero seguro que sería interesante. Para Hammel, era un salto hacia lo desconocido al que no pudo resistirse.

Al fin y al cabo, era una gran fan de los Grateful Dead. Le encantaba ir a sus conciertos. De hecho, conoció a su marido en un chat para Deadheads (como se llaman los seguidores de la banda) mientras realizaban estudios posdoctorales en el MIT. Nadie (empezando por los músicos) sabía nunca lo que iba a pasar en un concierto de los Grateful Dead. Se trataba de disfrutar con el grupo y el resto del público, de vivir una aventura sin saber hasta el final cómo acabaría. En una palabra: *descubrimiento*.

Junto con otros jóvenes científicos especializados en los planetas exteriores, Hammel fue invitada a Pasadena por el Laboratorio de Propulsión a Chorro (JPL) para ver las imágenes de Urano que el Voyager 2 enviaría a finales de 1985 y principios de 1986. Casi nadie quedó decepcionado: entre otras muchas cosas, las imágenes del Voyager 2 mostraban once nuevos satélites y dos nuevos anillos. Sin embargo, no ofrecían demasiada información sobre el tema en el que Hammel estaba trabajando, que eran las atmósferas planetarias.

No tenía más remedio que esperar hasta que el Voyager 2 llegara a Neptuno tres años más tarde. Pero esta vez no pensaba quedarse mirando mientras los expertos descargaban e interpretaban los datos. Quería ser una más entre esos expertos.

Hammel regresó a la Universidad de Hawái y, a lo largo de los dos años siguientes, utilizó el telescopio de 2,2 metros que la universidad tenía en Mauna Kea para estudiar la atmósfera de Neptuno. Tardó muy poco en descubrir algo interesante. Los astrónomos que habían observado Neptuno durante la década anterior habían detectado unas nubes en los hemisferios norte y sur del planeta, pero Hammel vio con toda claridad una sola nube. ¿Qué había pasado con las demás? No lo sabía.

Luego hizo un nuevo descubrimiento. Gracias en parte a haber estudiado el movimiento de la nube sobre el planeta, pudo demostrar que la velocidad de rotación de Neptuno era más alta de lo que se pensaba hasta entonces.

Para cuando el Voyager 2 sobrevoló Neptuno en agosto de 1989, la reputación de Hammel como experta en los planetas exteriores le permitió ser algo más que una simple espectadora. Por desgracia, no sería en el JPL. Su experiencia con el telescopio de 2,2 metros hizo que, en la práctica, no pudiera apartarse de ese instrumento. Así que se quedó en Hawái, adquiriendo datos que aportaran contexto a las imágenes del Voyager 2 recibidas en el JPL, a medio océano de distancia.

En esta ocasión, las imágenes saciaron su hambre de atmósferas misteriosas: una tormenta del tamaño de la Tierra que bautizó (junto con otras personas) como la Gran Mancha Oscura; otras tormentas que se formaban y desaparecían con sorprendente rapidez; nubes que se movían a gran velocidad; la confirmación de la existencia de anillos en Neptuno, sobre la que los científicos no habían logrado ponerse de acuerdo hasta entonces.

Los anillos más internos le parecieron especialmente interesantes, ya que apuntaban a la presencia de polvo. Pero el hecho de que hubiera polvo tan cerca de la nube que cubría el planeta sugería que tal vez estuviera influyendo en la atmósfera. Le hubiera gustado verlo mejor, pero por el momento tuvo que conformarse con lo que había. Después de todo, era joven y su carrera no había hecho más que empezar.

Pasaron treinta años.

Para entonces, mientras la fecha de lanzamiento del Webb se retrasaba una y otra vez, en el sistema solar había varios habitantes más, pero también un planeta menos.

Los astrónomos sabían desde finales de los años 70 que Plutón tenía un satélite, Caronte. Eso no era nada raro en un planeta. En 1992, sin embargo, los astrónomos descubrieron un objeto que ocupaba las mismas regiones de los confines del sistema solar que Plutón y Caronte, pero que (al igual que Plutón, Neptuno, Urano, Saturno, Júpiter, Marte, la Tierra, Venus y Mercurio) solo giraba alrededor del Sol. ¿Sería un nuevo planeta?

El descubrimiento de ese objeto, al que llamaron Albión, confirmó lo que los astrónomos sospechaban desde hacía tiempo. El noveno planeta, Plutón, se consideraba una anomalía ya desde 1930, cuando Clyde Tombaugh lo descubrió. La existencia de una pequeña roca solitaria tan lejos del Sol (a unas 40 UA, mucho más allá de Neptuno) era contraria a una cierta lógica geológica y rompía lo que parecía ser una serie ordenada. El sistema solar, visto desde el Sol, incluía cuatro planetas rocosos (Mercurio, Venus, la Tierra y Marte), un cinturón de rocas de menor tamaño (asteroides), dos gigantes gaseosos (Júpiter y Saturno) y dos gigantes helados (Urano y Neptuno). ¿Por qué iba a haber un planeta rocoso más allá de Neptuno? Y si había una roca a esa distancia, ¿por qué iba a ser la única? El descubrimiento de Albión confirmó que no lo era.

Poco después se iniciaron diversos programas de observación (especialmente en el observatorio del monte Palomar, en las montañas al nordeste de San Diego en California) para tratar de encontrar más objetos que estuvieran a una distancia similar y que solo giraran alrededor del Sol. Esos programas permitieron descubrir Quaoar en 2002, Sedna en 2003, Orco y Haumea en 2004, Eris y Makemake en 2005 y Gonggong en 2007.

Los astrónomos necesitaban un nombre para esos nuevos objetos. Finalmente decidieron llamarlos «planetas enanos», una categoría en la que la Unión Astronómica Internacional incluyó a Plutón en 2006. Pero los astrónomos encontraron además miles de objetos menos masivos que también orbitaban en los confines del sistema solar y que no se podían considerar «planetas», ni siquiera enanos. La existencia de esos objetos había sido predicha en 1951 por el astrónomo neerlandés Gerard Kuiper, por lo que recibieron el nombre de «objetos del cinturón de Kuiper». ¿Pero qué hacer con los objetos que *no* estaban en el cinturón de Kuiper? Lo mejor era crear una nueva categoría para todo lo que había más allá de Neptuno: los objetos transneptunianos.

Aunque el censo de objetos seguía creciendo, las probabilidades de que el Webb estudiara el sistema solar eran cada vez más pequeñas. Un grupo de trabajo científico provisional (creado para dirigir el proyecto del telescopio espacial de la próxima generación hasta la encuesta decenal de 2001) había designado como prioridad de nivel 1 la capacidad de observar objetos en movimiento, lo que parecía una garantía de que el telescopio podría estudiar el sistema solar. El problema estaba en que las recomendaciones del comité no eran vinculantes, por lo que esa garantía no tenía ningún carácter oficial. Algunos años después, mientras Hammel (como miembro del grupo de trabajo científico «real») revisaba la lista de prioridades de nivel 1 para el Webb, se sorprendió al ver que ya no incluía la observación de objetos en movimiento.

La eliminación no carecía de lógica. Ninguno de los objetivos básicos del Webb exigía que el telescopio pudiera seguir objetos en movimiento, y menos aún a gran velocidad. Los planetas que giran en torno a otras estrellas de nuestra galaxia o las galaxias del universo primigenio son objetivos demasiado lejanos para que el telescopio los vea moverse con rapidez. La ausencia de ese requisito en la lista de prioridades de nivel 1 no significaba necesariamente que quedara excluido de la misión, pero sería una de las primeras cosas de las que se prescindiría si había que reducir el presupuesto, lo que supondría un duro golpe para las ciencias del sistema solar.

Incluso en el Instituto quedaban cada vez menos astrónomos especializados en ese campo. Habían sido mayoría en los tiempos del Hubble, pero a principios de la década de 2010 su número quedó reducido a un solo científico que no tardaría en presentar su dimisión.

¿Cómo justificar entonces la contratación de más personal para un proyecto que ya sufría constantes retrasos y sobrecostes? Hammel y sus colegas creyeron encontrar una buena razón: el *dithering*.

El *dithering* es una técnica digital que se suele utilizar en la astrofotografía de galaxias y que consiste en mover ligeramente el detector entre toma y toma. En cada toma puede haber uno o más píxeles que haya que desechar debido, por ejemplo, a un rayo cósmico procedente del Sol o del espacio exterior. Al reconstruir la imagen, es posible sustituir los píxeles «malos» por los «buenos», de forma que el resultado sea una imagen completa y correcta.

Hammel y otros astrónomos propusieron usar la misma estrategia, pero no para observar objetos distantes *estacionarios*, sino para seguir objetos cercanos *en movimiento*. Al fin y al cabo, ya estaba previsto que el Webb hiciera *dithering*. Los sabios de la NASA estuvieron de acuerdo, lo que significaba que el Webb podría dedicarse a estudiar también el sistema solar. El Instituto contrató en 2012 a un experto en la materia, John Stansberry.

Pero Hammel ya no se dedicaba entonces a la astronomía. En 2010, a los cincuenta años de edad, había aceptado el puesto de vicepresidenta ejecutiva de AURA, la organización independiente encargada de supervisar la investigación astronómica en numerosas instituciones académicas. Sin embargo, como miembro del grupo interdisciplinar que había asesorado al grupo de trabajo científico del Webb, Hammel tenía derecho a un centenar de horas de observación durante el primer año de servicio del telescopio. Esas horas eran suyas y podía usarlas como considerara conveniente. Incluso podía cederlas a quien ella quisiera.

A la siguiente generación, por ejemplo.

En 1993 los astrónomos localizaron restos de un cometa que, tras pasar muy cerca de Júpiter, había empezado a desintegrarse por efecto de la atracción gravitatoria del planeta. Según los cálculos, los fragmentos del cometa Shoemaker-Levy 9 se estrellarían contra Júpiter en julio de 1994. Como muchos otros astrónomos, Hammel solicitó tiempo de observación con el Hubble para estudiar la colisión. La NASA aprobó cinco de esas solicitudes, agrupándolas en una sola y designando a Hammel como investigadora principal, para sorpresa de la propia interesada.

Nadie sabía qué esperar, aunque solo fuera porque nadie había visto nunca una colisión extraterrestre entre dos objetos del sistema solar. Lo único seguro era que el mundo tendría mucho interés en las imágenes que enviara el telescopio espacial Hubble[1]. Durante los meses de preparativos

---

[1] Y Hammel se aseguró de que el mundo pudiera ver esas imágenes. Había insistido en que la NASA debía aprovechar la ocasión y se había encargado de organizar los contactos con los medios. El día 16 de julio, mientras los propios descubridores del cometa (David Levy y Carolyn y Eugene M. Shoemaker) trataban de rebajar las expectativas durante una conferencia de prensa en el auditorio del Instituto de Ciencias del Telescopio Espacial, Hammel y su equipo estaban un piso más abajo examinando las imágenes del Hubble. Eran unas imágenes de una violencia espectacular. *Alucinante*, pensó Hammel.

«Voy para allá», dijo refiriéndose al auditorio y, por extensión, al mundo entero.

antes de que comenzara la lluvia de fragmentos del cometa, Hammel se puso en contacto con todos los que habían presentado propuestas para preguntarles qué era lo que les gustaría descubrir si estuvieran en su lugar.

Queremos ver plumas supergigantes, respondió uno.

Queremos buscar agua, contestó otro.

Queremos hacer espectroscopía, añadió un tercero.

Cuando la lluvia de fragmentos terminó el 22 de julio, todos habían visto cumplidos sus deseos. El Hubble mostró plumas gigantescas, detectó grandes masas de lluvia y obtuvo datos espectroscópicos de los oscuros agujeros que se abrieron en la atmósfera de Júpiter.

Hammel siguió la misma estrategia para decidir qué hacer con el tiempo de uso del Webb al que tenía derecho. Preguntó a varios científicos especialistas en el sistema solar (sobre todo a los jóvenes) qué era lo que más les interesaba.

Espectroscopía, respondió uno.

Espectroscopía, contestó otro.

Espectroscopía, añadió un tercero.

No había nada de sorprendente en esa obsesión por la espectroscopía, que desde el principio era una de las funciones básicas del Webb. La espectroscopía ofrece a los astrónomos información que no pueden obtener de ninguna otra manera; información que, durante gran parte de la historia de la astronomía moderna, no fue ni siquiera imaginable, pero que ahora se había convertido en algo esencial.

En la década de 1830, el filósofo francés Auguste Comte afirmó que no valía la pena tratar de explicar lo incognoscible. Para defender esta postura, citó un ejemplo que consideraba irrefutable: la composición de los cuerpos celestes. «Concebimos la posibilidad de determinar sus formas, sus distancias, sus tamaños y sus movimientos» (las propiedades que se pueden observar con un telescopio), «pero nunca tendremos los medios

«No puedes hacer eso», le advirtió un representante de la NASA.

«Dame unas copias», ordenó Hammel a uno de sus ayudantes.

Momentos más tarde, interrumpió la conferencia de prensa para mostrar las imágenes a los astrónomos antes de enseñarlas a la audiencia. Tan clara era su emoción, tan contagioso su entusiasmo, que acabó siendo ella quien informó diariamente a la prensa durante toda la semana. (En 2002, Heidi Hammel recibió la medalla Sagan de la Sociedad Astronómica Estadounidense en reconocimiento a su capacidad para transmitir las ciencias planetarias al público.)

para estudiar su composición química o su estructura mineralógica». A lo que más tarde añadió: «Y no tengo ningún temor en afirmar que siempre será así».

Nunca. Siempre. Del mismo modo que Aristóteles y sus herederos intelectuales no podían prever la invención de un instrumento que eliminaría la distancia entre un objeto lejano y nuestros ojos, tampoco Comte pudo imaginar un instrumento que eliminaría la distancia entre un objeto lejano y nuestras manos. Sin embargo, y al mismo tiempo que Comte pronunciaba esas palabras tan cargadas de fatalismo, los medios para obtener esa información ya existían, aunque nadie lo sabía aún.

En 1815, el óptico alemán Josef von Fraunhofer reprodujo el experimento de Newton, haciendo pasar luz solar por un prisma para obtener un espectro continuo de los colores que componen la luz y que no es posible ver de otra manera. Pero Fraunhofer tuvo la idea de hacer que la luz pasara por un telescopio antes de llegar al prisma. El resultado fue «un número casi incontable de líneas verticales fuertes y débiles». La fuente de luz seguía siendo el Sol, pero el telescopio parecía revelar detalles indetectables hasta entonces. Por desgracia, Fraunhofer fue incapaz de descifrar esos detalles.

En 1859, dos años después de que falleciera Comte, un par de científicos alemanes, el químico Robert Wilhelm Bunsen y el físico Gustav Robert Kirchhoff, explicaron por fin el significado de las líneas: corresponden a la composición química del material que las produce. Distintas sustancias químicas producen patrones diferentes y cada sustancia tiene su patrón característico. En principio, dirigir un telescopio hacia un objeto celeste y concentrar su luz en una lente de aumento debería ser suficiente para cruzar un abismo que Comte había considerado infranqueable. La espectroscopía es la técnica de dividir el espectro electromagnético en pequeños pedazos para determinar, sin salir del laboratorio, la composición química de objetos situados a miles, millones o (como descubrirían los astrónomos del siglo XX) miles de millones de años luz de distancia.

Nunca se puso en duda que la espectroscopía sería una de las prioridades del Webb. Fue necesaria desde el principio para los dos objetivos fundamentales de la misión: las atmósferas de planetas extrasolares y la composición de sus estrellas en nuestra galaxia, por una parte, y las propiedades químicas y físicas y las distancias de las galaxias primigenias, por otra. Aunque la espectroscopía no era una técnica demasiado conocida por el gran público, los astrónomos depositaban en ella grandes esperanzas. El Webb iba a hacer espectroscopía en longitudes de onda del infrarrojo cercano y medio, unas regiones del espectro electromagnético que los espectrógrafos astronómicos apenas habían empezado a explorar (y nunca con ese nivel de precisión, desde luego).

Para los astrónomos especializados en el sistema solar, el Webb tenía la ventaja añadida de permitir el estudio de objetos que jamás habían sido analizados con espectroscopía, aunque solo fuera porque se ignoraba que estaban ahí: asteroides, objetos transneptunianos, objetos del cinturón de Kuiper y quién sabía qué más.

Era un campo abonado para el descubrimiento. Hammel cedió las cien horas de observación a las que tenía derecho. Stansberry, el experto en el sistema solar contratado por el Instituto de Ciencias del Telescopio Espacial en 2012, también cedió parte de su tiempo mientras coordinaba a un grupo de astrónomos dedicados, como él, al estudio de objetos del cinturón de Kuiper. Otros astrónomos se pusieron de acuerdo entre ellos para evitar pérdidas innecesarias de tiempo. El resultado fue lo que Hammel definió como un «muestreador del sistema solar», un término que podría sugerir un catálogo o una actualización del censo. Y eso es lo que era, aunque con una diferencia: el Webb elaboraría un catálogo no solo de objetos en el sistema solar, sino también de su historia.

Esa diferencia reflejaba un cambio en la forma en que los astrónomos pensaban sobre el sistema solar. Lo que había cambiado en las dos o tres décadas anteriores no era solo el censo del sistema solar, sino también su *sentido*.

Los expertos en el sistema solar que solicitaban tiempo de observación con el Webb se hacían las mismas preguntas que quienes les habían precedido dos siglos atrás: *¿Qué hay ahí fuera? ¿Cómo se mueve?* Pero se estaban empezando a plantear una tercera pregunta, una pregunta que a nadie se le hubiera ocurrido hacer (y mucho menos tratar de responder) sin la posibilidad de aplicar la espectroscopía al estudio de cometas, asteroides, objetos del cinturón de Kuiper, objetos transneptunianos, planetas, anillos y satélites. No solo *¿qué hay ahí fuera?* y *¿cómo se mueve?*, sino también *¿cómo se mueve en función del tiempo?*

¿Dónde estaban antes esos objetos? ¿Dónde están ahora? ¿Cómo han llegado hasta ahí?

O lo que es lo mismo: *¿cómo hemos llegado hasta aquí?*

Para empezar a responder a esa pregunta, los científicos necesitaban hacer las dos cosas que siempre habían sido imprescindibles para la moderna astronomía del sistema solar: observar objetos brillantes y seguir movimientos rápidos. ¿Serviría el Webb para realizar esas funciones? Los astrónomos no pudieron estar seguros de ello hasta el verano de 2022, cuando el telescopio empezó a adquirir datos.

Imke de Pater, astrónoma de la Universidad de California en Berkeley y una de las principales expertas en ciencias planetarias de la misión Webb[2], era la supervisora de un grupo que investigaba todo el sistema joviano (Júpiter con sus satélites y anillos). Habían empezado observando el planeta a intervalos de diez horas (una vez cada rotación) para estudiar la dinámica de los vientos en Júpiter. Su investigación les deparó una de esas sorpresas que hacen las delicias de cualquier responsable de un programa de descubrimiento: imágenes de nubes moviéndose a gran velocidad en el ecuador de Júpiter.

Comprobar que el Webb podía realizar observaciones directas de Júpiter era importante, pero no lo era menos determinar si también podía hacerlo *cerca* de Júpiter, un planeta que es un millón de veces más brillante que sus anillos. Una imagen de prueba no mostró nada más que la luz procedente del planeta, como ya se esperaban. El reto consistía en manipular los datos de manera que revelaran no lo que el planeta les permitía ver, sino lo que ellos querían ver.

Mark Showalter, un investigador especializado en ciencias planetarias que trabajaba en el Instituto SETI, encontró una forma de identificar la luz reflejada por el planeta (la que tapaba todo lo demás) y eliminarla de la imagen para dejar al descubierto los anillos y satélites.

Pero ver todos esos objetos no serviría de nada si el Webb no cumplía el segundo requisito de la astronomía del sistema solar: seguir movimientos rápidos. El Webb podía realizar esa función gracias al *dithering*, tal como habían sugerido Hammel y otros, pero la gran pregunta era si lo haría bien.

---

[2] Como Hammel, fue una de las personas que observó el impacto del cometa Shoemaker-Levy 9 en Júpiter en 1994, aunque utilizó el observatorio Keck en Mauna Kea en lugar del Hubble.

Unos nueve meses después del lanzamiento, el telescopio tuvo que seguir por primera vez el movimiento de un objeto de gran tamaño. El 26 de septiembre de 2022, la NASA había completado la misión DART (prueba de redireccionamiento de un asteroide binario), que consistió en la colisión deliberada entre una sonda espacial y Dimorfo, un satélite del asteroide Dídimo. La misión tenía como objetivo determinar si era posible utilizar una nave para desviar un objeto del sistema solar en trayectoria de colisión con la Tierra. La colisión sería observada por el Hubble y por una cámara instalada en la sonda DART, pero algunos astrónomos decidieron aprovechar la oportunidad para poner a prueba la capacidad de seguimiento del Webb. El experimento dio resultado: el Webb logró seguir a Dimorfo y Dídimo durante gran parte de su trayectoria y no los perdió de vista hasta poco antes del impacto, cuando iban tres veces más rápido que la máxima velocidad de seguimiento del Webb.

«Nunca volveremos a ir a esa velocidad», dijo a Hammel un responsable de la NASA.

«No pasa nada», contestó ella. «Ya lo sé». Y así era. Pero ahora también sabía que, en caso necesario, el Webb podía ir al menos un poquito más allá del límite. Y ese conocimiento podía resultar muy útil a los astrónomos para observar objetos que esconden secretos sobre los orígenes del sistema solar.

Agua. Agua por todas partes.

Gerónimo Villanueva, un científico planetario del Centro de Vuelo Espacial Goddard, no podía creer lo que estaba viendo. Era verdad que él y su grupo esperaban encontrar agua. Si habían decidido observar Encélado, un satélite de Saturno, era precisamente porque sabían que allí había agua. En 2005, la sonda Cassini había atravesado una pluma de agua desconocida hasta entonces para los astrónomos. La pluma surgía de grietas en la superficie de Encélado, cerca de su polo sur, lo que indicaba que el agua podía proceder de un océano situado bajo la superficie helada (como pronto confirmó Cassini) del planeta. Los astrónomos hicieron que Cassini atravesara la pluma otras seis veces durante los trece años que duró la misión. Llegaron a la conclusión de que la longitud de la pluma rondaba los 200 kilómetros. Encélado tiene un diámetro de unos 500 kilómetros, así que la pluma se extendía una distancia muy considerable. Se trataba de una pluma enorme.

Pero eso no era nada comparado con lo que habían descubierto ahora. Durante cuatro minutos y medio de exposición en noviembre de 2022, el espectrógrafo de infrarrojo cercano del Webb midió la concentración de H_2O para determinar hasta dónde se extendía la pluma en el espacio. El resultado fue que se alzaba al menos 10 000 kilómetros sobre la superficie, veinte veces más que el diámetro de Encélado. En términos terrestres, era como si el géiser Old Faithful de Yellowstone cubriera dos tercios de la distancia que nos separa de la Luna.

El programa de observaciones no tuvo el éxito esperado. Los astrónomos no consiguieron detectar los compuestos químicos compatibles con la vida que había encontrado Cassini (metano, dióxido de carbono y amoníaco). Tampoco detectaron otros compuestos que habían intentado identificar con espectroscopía, especialmente monóxido de carbono, etano y metanol. Desde ese punto de vista, los resultados fueron algo decepcionantes. Claro que eso no era ninguna sorpresa: al fin y al cabo, Cassini había podido tomar muestras cuando atravesó la pluma, mientras que el Webb debía limitarse a observar desde una distancia de cientos de millones de kilómetros.

Pero su campo visual era mucho más amplio que el de Cassini. Eso permitía al Webb no solo medir la pluma de agua en toda su longitud, sino también examinar una amplia región del espacio en torno a ella. Sin embargo, lo más importante era que el Webb disponía de un instrumento que podía analizar las medidas y generar un espectro para cada píxel de la imagen. Y fueron los espectros de esos píxeles los que sorprendieron a Villanueva y su grupo cuando los vieron.

Había H_2O en todos los píxeles. *En todos* los píxeles.

No es que hubiera agua en la pluma y cerca de ella; es que había agua por todas partes. Eso quería decir que Encélado no solo expulsaba agua, sino que era una auténtica fuente que definía la atmósfera del propio planeta. Y cuando los investigadores compararon la velocidad de desgasificación (el volumen de agua expulsada por unidad de tiempo) con los datos obtenidos por Cassini quince años antes, descubrieron que no había cambiado. Encélado estaba volcando su océano interior en el ambiente de Saturno a una velocidad y con un volumen que estaban afectando a todo en sus proximidades. En un artículo publicado en la revista *Nature Astronomy,* explicaron que Encélado era «la principal fuente de agua en todo el sistema saturniano», que incluye el planeta con sus anillos y satélites.

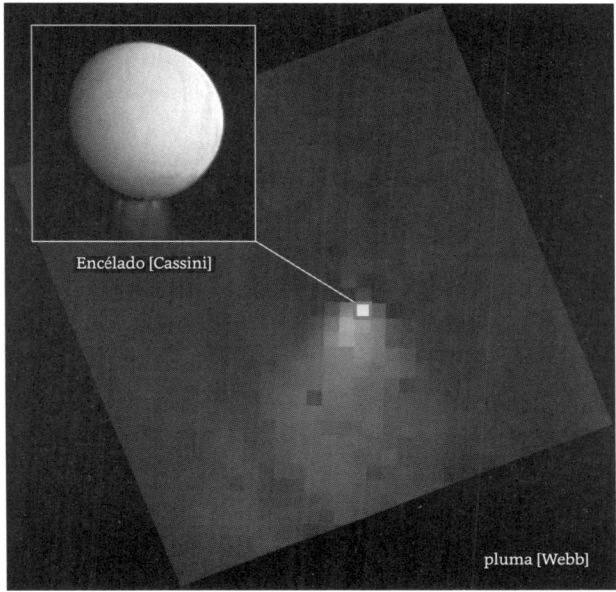

Encélado [Cassini]

pluma [Webb]

Agua por todas partes. [Ampliación] En 2005, la sonda Cassini descubrió un géiser que brotaba de grietas próximas al polo sur de Encélado, un satélite helado de Saturno.
[Imagen principal] En 2022, el Webb obtuvo una imagen más amplia del mismo fenómeno. Basándose en los datos de Cassini, los astrónomos estimaron que el géiser podría alcanzar una altura de cientos de kilómetros. El Webb no solo descubrió que llegaba al menos hasta los 10 000 kilómetros, sino también que afectaba a la atmósfera de Saturno, sus anillos y sus satélites.

Eso obligó a los expertos en atmósferas planetarias a revisar sus ideas sobre Saturno y preguntarse si lo descubierto en Encélado (fuera lo que fuese) podría ser válido también en otros lugares. El trabajo no había hecho más que empezar. Como dijo Villanueva en un artículo de *Nature* sobre los resultados de sus investigaciones, «esto inaugura una nueva era en la exploración del sistema solar».

El descubrimiento de que un satélite influía en el ecosistema de su planeta podía resultar sorprendente, pero encajaba bien en el estudio del sistema solar en su conjunto. Efectivamente, hay agua por todas partes. Hay agua en otros planetas. Hay agua en la superficie de cometas. Hay agua en la superficie de satélites. Y hay agua en la Tierra, donde no habría existido vida sin ella.

El origen del agua en la Tierra (y, con ella, el origen de la vida) era uno de los grandes misterios que debía resolver el Webb. Se suponía que el agua de nuestro planeta procedía de cometas que lo habían bombardeado en los primeros tiempos del sistema solar. El Webb no había puesto en duda esa hipótesis, pero *sí* que había obligado a los astrónomos a replantearse una cuestión clave para la evolución del sistema solar.

Si un cometa tiene cola es porque el hielo que hay sobre su superficie se convierte en gas al aproximarse al Sol, un proceso al que los astrónomos llaman sublimación. El líquido que forma ese hielo no tiene por qué ser agua; puede ser monóxido de carbono o dióxido de carbono, por ejemplo. Sea lo que sea, los astrónomos saben a qué distancia del Sol (la «línea de congelación») se empezará a sublimar ese componente concreto.

Y ahora, gracias a la precisión y sutileza espectroscópica del Webb (y a su capacidad para seguir objetos que se mueven a gran velocidad), los astrónomos ya podían observar ese viaje a través del sistema solar. ¿Habría líquido solo sobre la superficie, o era posible que saliera también del interior del cometa?

Pero tan pronto como se pusieron a buscar información que pudiera ayudarles a responder preguntas tan básicas como esa, los científicos empezaron a encontrar anomalías que planteaban nuevas preguntas. Descubrieron cometas que sublimaban en líneas de congelación mucho más alejadas del Sol de lo que se creía posible. ¿Por qué? No lo sabían. ¿Qué ocurre en el sistema solar exterior, de donde surgen los cometas en sus trayectorias periódicas alrededor del Sol? ¿Qué *son* los cometas, en definitiva?

¿Y por qué hay cometas (o «cometas», en cualquier caso) en el cinturón de asteroides? Los astrónomos tenían muchos motivos para pensar que los asteroides eran restos de un protoplaneta que, debido a la acción gravitatoria de sus dos vecinos (Marte por un lado y, sobre todo, Júpiter por el otro) no llegó a formarse por completo. Cuando el sacerdote y astrónomo italiano Giuseppe Piazzi descubrió un objeto entre las órbitas de Marte y Júpiter en 1801, supuso inmediatamente que era un planeta. A lo largo del siglo siguiente se hallaron varios «planetas» más. En la década de 1920 se conocía un millar de asteroides; en los años 80 eran diez mil y, cuando el Webb empezó a estudiarlos, llegaban a cien mil.

Entre ellos había alrededor de una docena (en aquel momento) que no encajaban en la descripción habitual. Los asteroides son rocas en una posición dentro del sistema solar que, a diferencia de lo que ocurre con la posición de los cometas, no ha variado en miles de millones de años. A esa distancia del Sol, cualquier recubrimiento superficial debería haberse evaporado hace mucho tiempo. Sin embargo, esa docena o así de objetos del cinturón de asteroides presentaban una coma difusa, como ese halo de gas y polvo tan habitual en los cometas. Algunos astrónomos les dieron el nombre de «asteroides activos», mientras que otros prefirieron llamarlos «cometas del cinturón principal». En cualquier caso, estaba claro que sublimaban. ¿Pero qué sublimaban?

El Webb descubrió que se trataba de agua. Y Hammel no dudó en calificar ese descubrimiento como el más importante del Webb durante sus dos primeros años de estudio del sistema solar.

¿Cómo podía haber agua en unos objetos que ocupaban esa desolada región del espacio desde hacía miles de millones de años? Los astrónomos incluían los asteroides entre los pocos objetos del sistema solar que *no* contienen agua. Pero aunque hubiera agua *ahora* en unos pocos objetos del cinturón de asteroides, ¿significaba eso que todos ellos (o la mayoría) tenían agua cuando se formó el sistema solar? ¿Era posible que el agua hubiera llegado a la Tierra no solo procedente de cometas, sino también de asteroides? Y si así era, ¿acaso la presencia de agua a esa distancia del Sol indicaba dónde podrían estar las zonas habitables de los planetas en general? ¿La distancia desde una estrella a la que podría existir vida? Y en tal caso, ¿qué información pueden proporcionar esos asteroides activos o cometas del cinturón principal a los astrónomos que investigan lo que hay más allá del siguiente horizonte del Webb, en las estrellas y planetas fuera del sistema solar que pueblan el resto de la Vía Láctea?

La fotografía de Neptuno que llegó a la bandeja de entrada de Heidi Hammel el 20 de septiembre de 2022 no era fruto del proyecto de «muestreador del sistema solar». Formaba parte de una campaña de relaciones públicas de la NASA para la que se habían seleccionado diversas imágenes por su atractivo visual. Desde el punto de vista científico, la imagen no valía mucho. No incluía datos de espectroscopía, por ejemplo. Los científicos de verdad, como John Stansberry, no le dieron ninguna importancia.

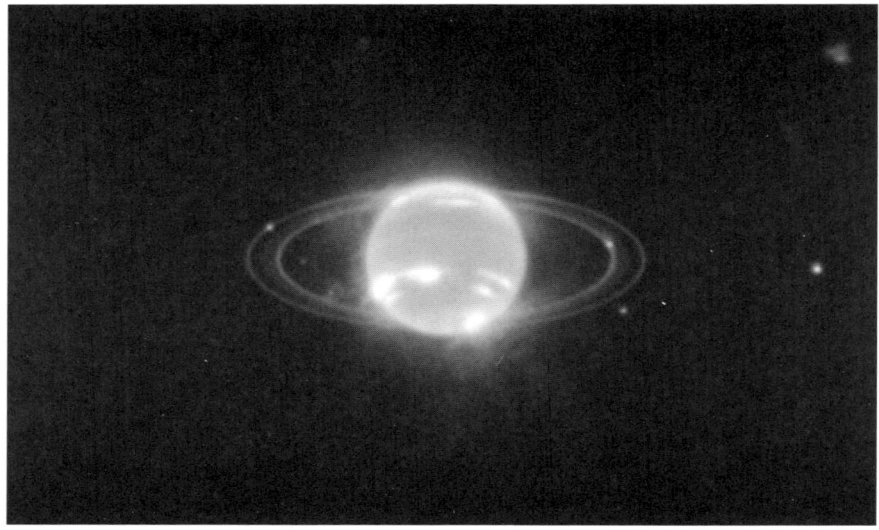

La imagen que hizo llorar a una astrónoma. Cuando Heidi Hammel
abrió este archivo en su ordenador, comprendió que su sueño de ver con
detalle los anillos de Neptuno se había hecho realidad.

Hammel era una científica de verdad, pero no se paró a reflexionar.
Vio la imagen tal como la NASA quería que la viera: a un nivel puramente
emocional, como una persona corriente.

Es precioso, pensó. *Increíble.*

Su cerebro de científica no tardó en tomar de nuevo el control, pero no
logró recuperar la calma. No podía ver la imagen con objetividad científica.
No del todo, al menos.

Era consciente del escaso valor científico de la imagen, pero podía
entender lo que significaba. Indicaba lo mucho que podía hacer el Webb
por el estudio de cómo afectan los anillos de un planeta a su atmósfera, pero
también por la astronomía del sistema solar.

En pocas palabras: la foto representaba todo lo que le gustaba de la
ciencia. Alguien había mirado por un telescopio, confiando en que sabría
lo que buscaba una vez lo encontrara. Y había encontrado algo que Heidi
Hammel esperaba ver desde hacía 33 años.

Y ahora lo veía, después de tanto tiempo.

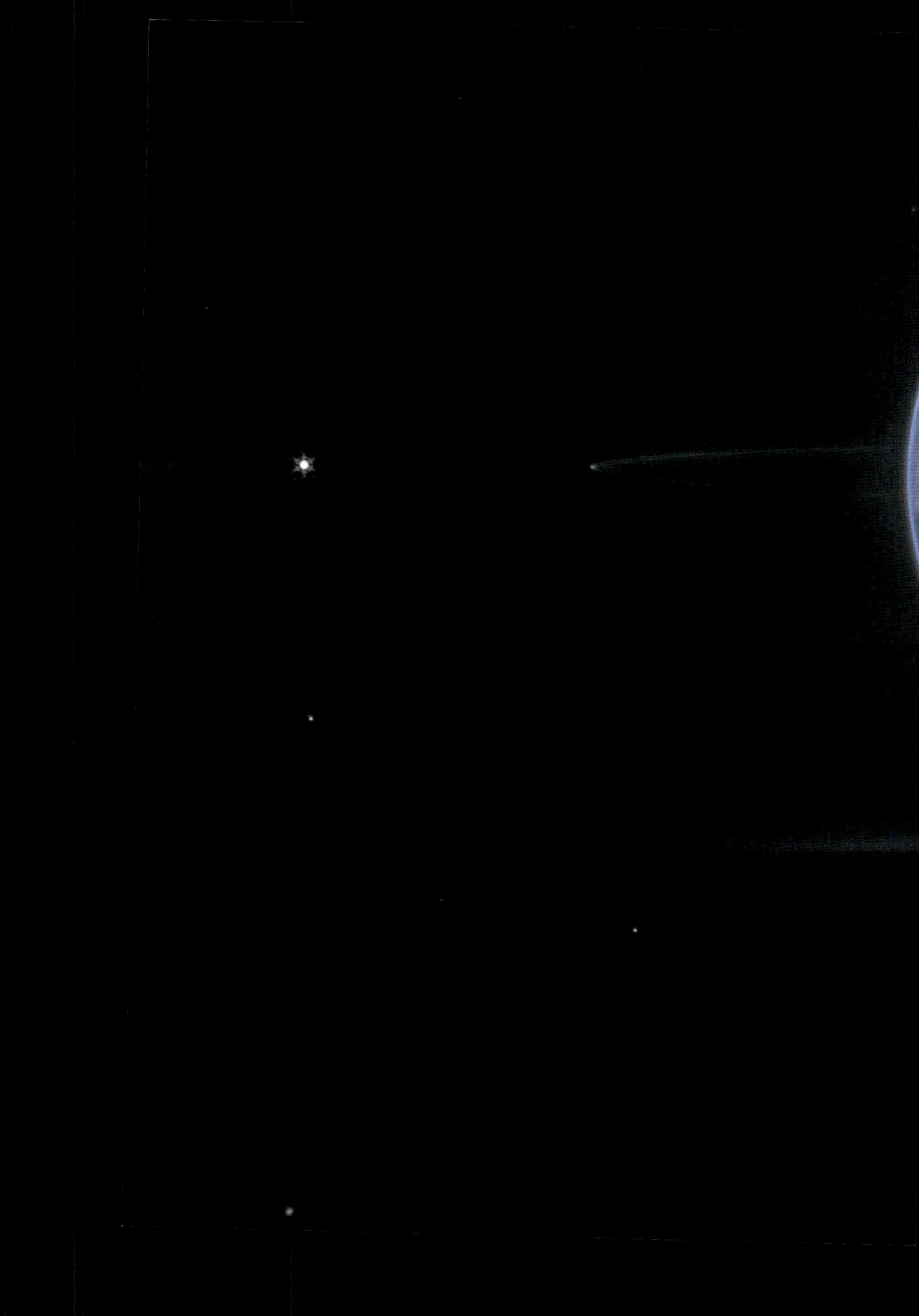

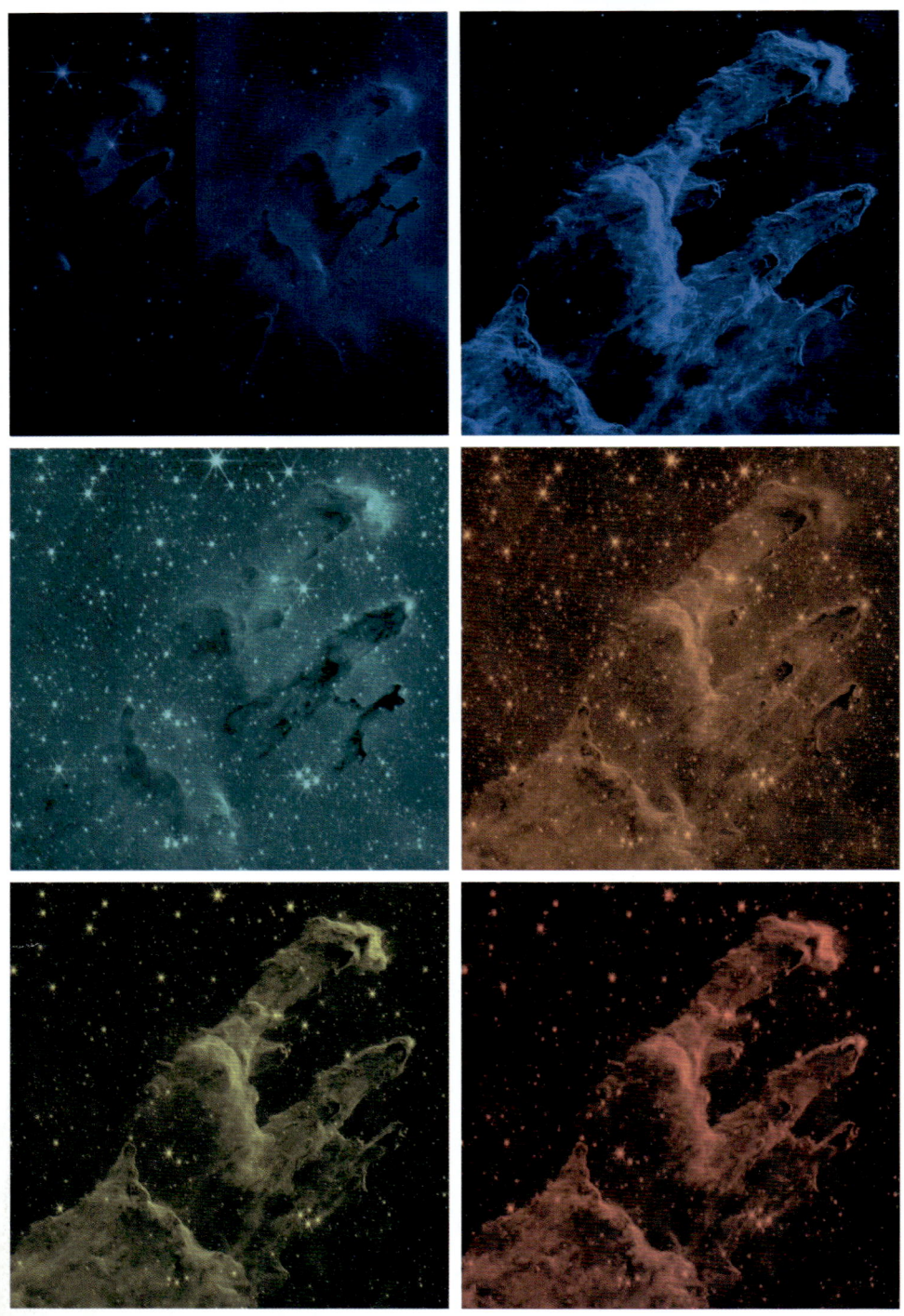

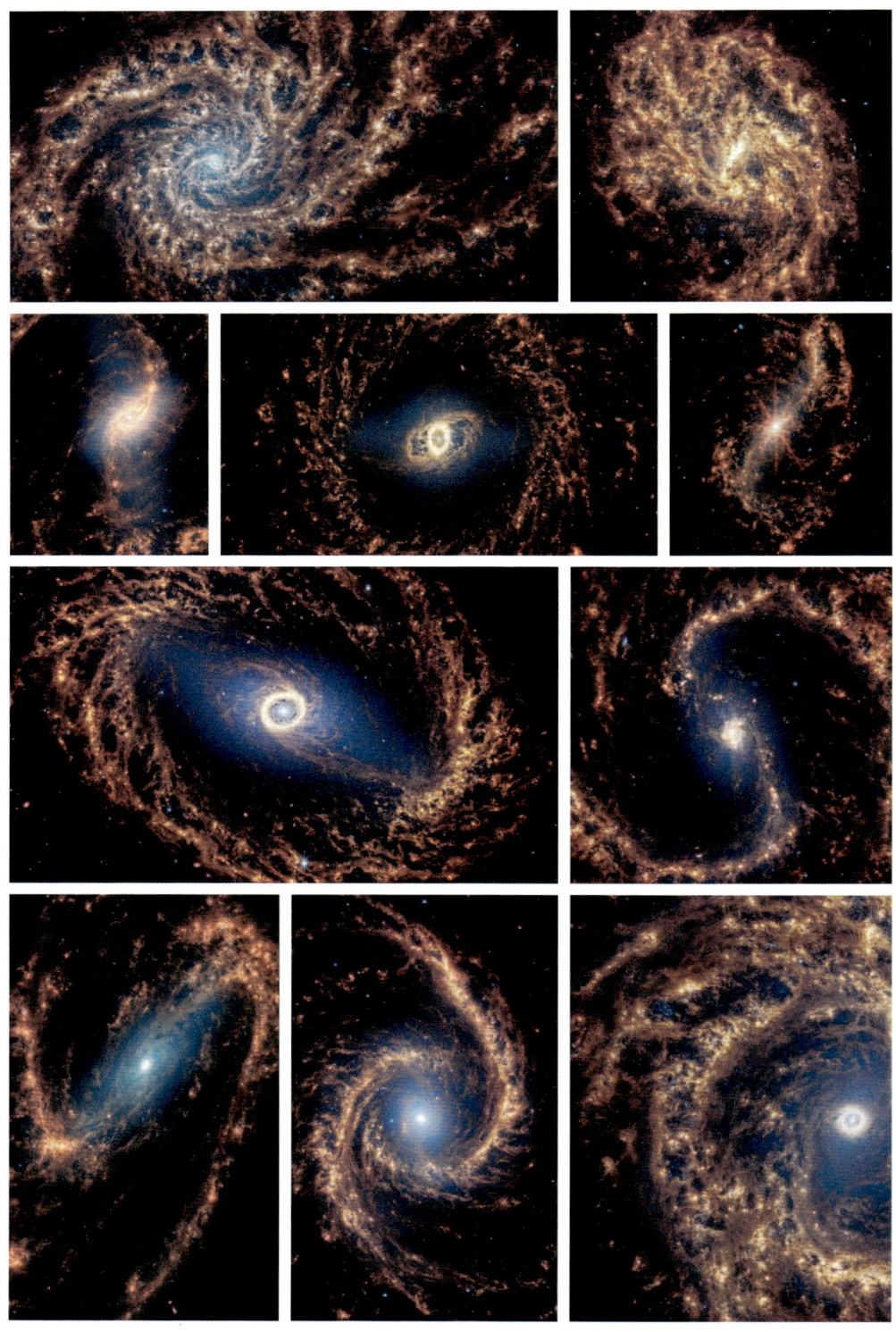

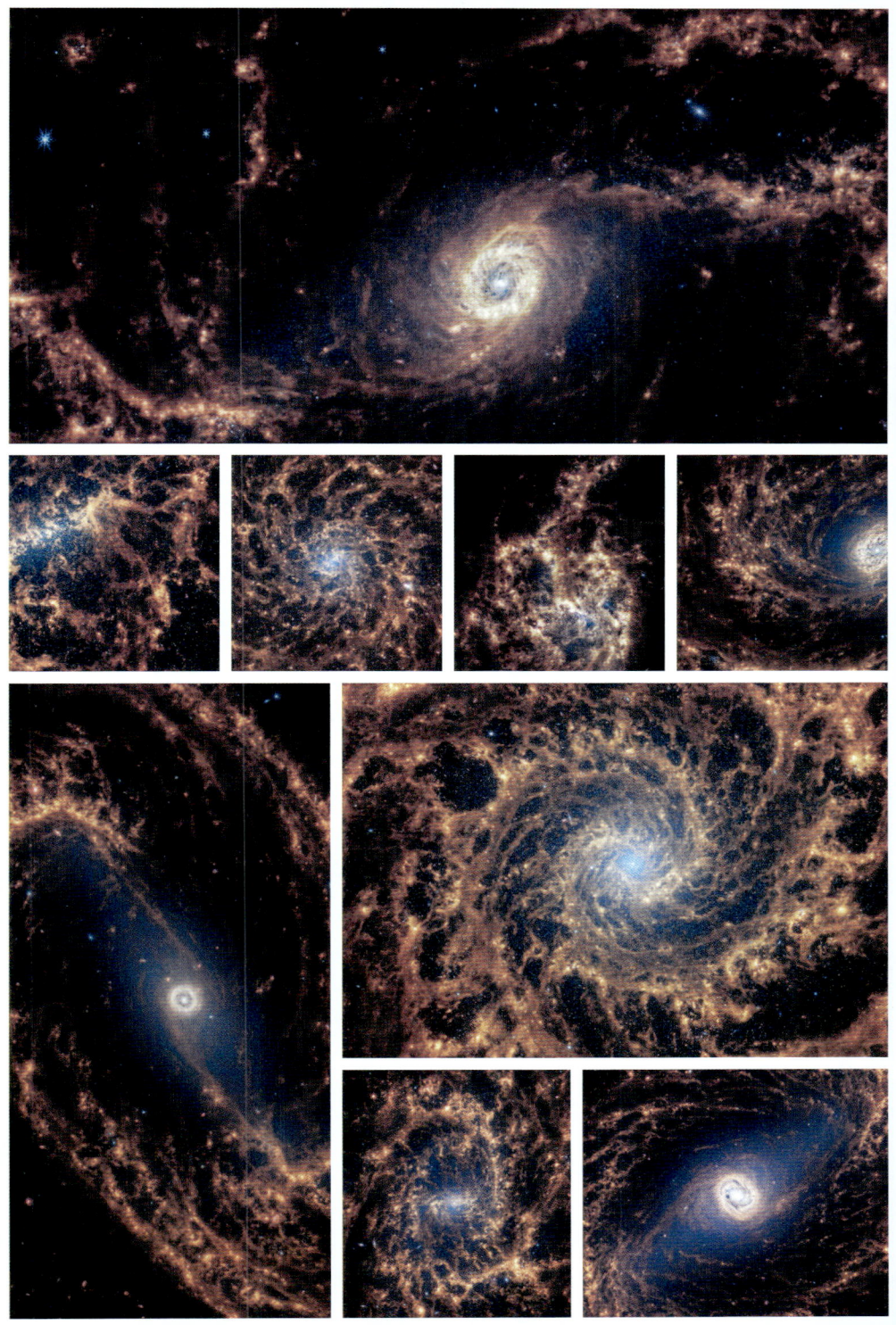

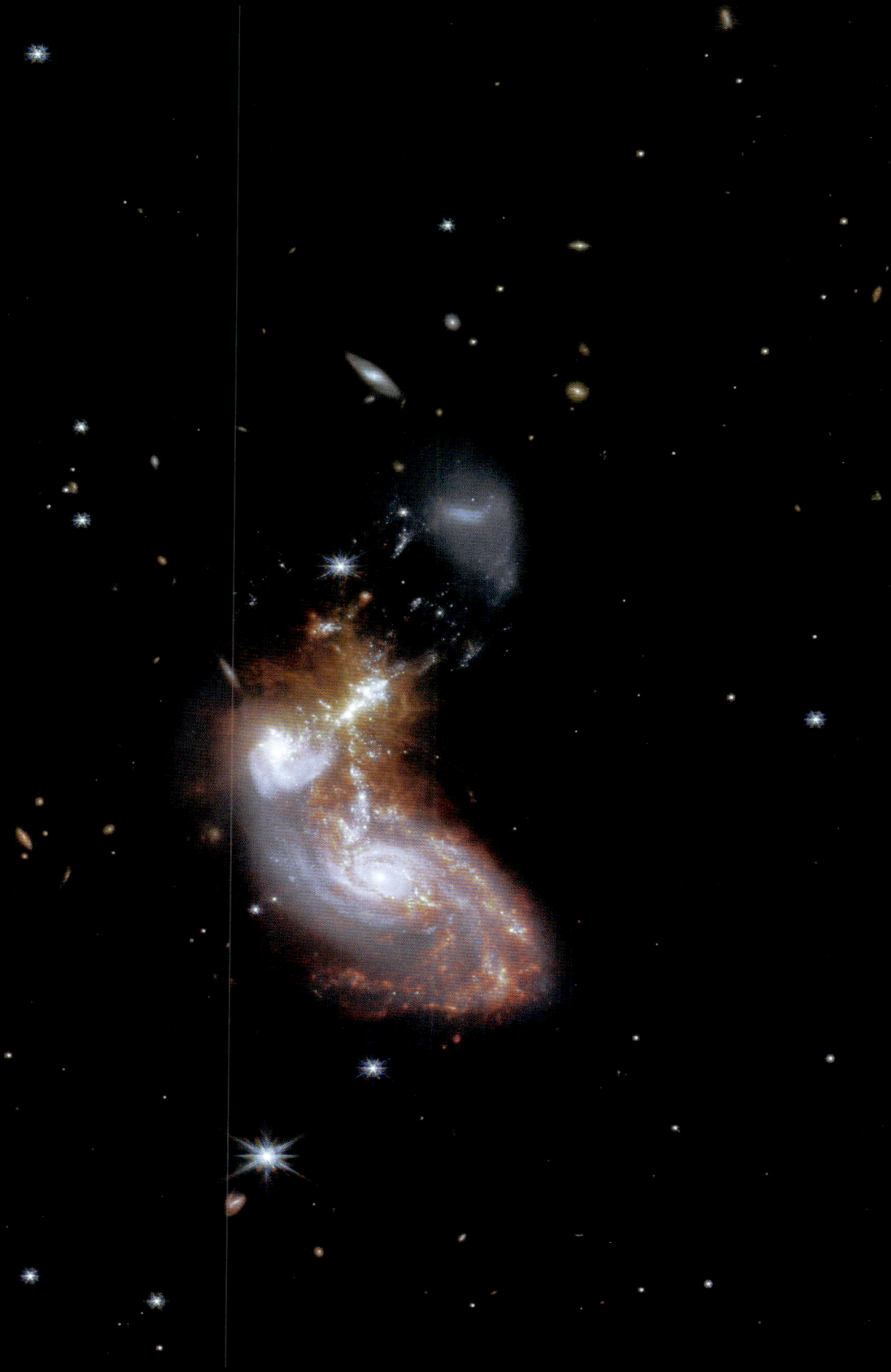

4

Segundo horizonte: ¿otros hogares?

«No se vayan todavía».

Nikku Madhusudhan, un astrónomo de la Universidad de Cambridge, acababa de explicar a su audiencia las observaciones que él y su grupo habían realizado con el Webb en K2-18 b, un exoplaneta (es decir, un planeta fuera de nuestro sistema solar) situado a unos 124 años luz de la Tierra, en la constelación de Leo. Ya había presentado un par de resultados interesantes y la charla podía darse por concluida. Cualquier otra persona dejaría el estrado a un nuevo conferenciante y esperaría la siguiente pausa para recibir felicitaciones.

Pero quería hablar de otro posible descubrimiento relacionado con K2-18 b, anunció; algo que su grupo había encontrado en la atmósfera del planeta y que apuntaba a la presencia de dimetilsulfuro, una molécula que es un biomarcador: un indicio de vida.

Lo único que puede hacer un científico ante una noticia de este tipo es tomársela con la máxima cautela. Eso fue lo que hizo Madhusudhan. El nivel de confianza, dijo, era menor que en los otros casos de los que había hablado. Desde luego, era demasiado bajo para que pudiera afirmar nada con rotundidad.

«Todavía no sabemos si esto es verdad», confesó. «Pero lo único que genera dimetilsulfuro en la Tierra es la vida. No se puede producir de ninguna otra forma».

Aseguró a la audiencia que su grupo tendría que realizar nuevas observaciones antes de confirmar un descubrimiento que podía ser de enorme importancia. «Ahí hay algo. No sabemos qué es y por eso nuestros resultados son solo provisionales. Pero si dentro de unos años descubrimos que realmente se trata de dimetilsulfuro, puedo asegurarles que el día de hoy pasará a la historia». Era el 11 de septiembre de 2023, la jornada de apertura del congreso «El primer año del telescopio espacial James Webb» en el Instituto de Ciencias del Telescopio Espacial.

«Y lo digo completamente en serio», añadió.

Durante casi dos siglos después de la invención del telescopio, el universo estuvo dividido en tres partes: primero estaba la Tierra, luego los planetas y satélites cercanos en lo que nos habíamos acostumbrado a llamar «sistema solar» y, finalmente, las estrellas. Pero ese tercer componente (la bóveda celeste, el firmamento) era algo en lo que pocos pensaban. No tenían muchos motivos para hacerlo: más allá de los confines del sistema solar, un horizonte definido por la órbita de Saturno con sus anillos y satélites, no había más que pequeños puntos de luz que se negaban a revelar su naturaleza incluso a los telescopios más potentes.

Tampoco es que los astrónomos se olvidaran por completo de las estrellas. En 1718, Edmond Halley anunció que había detectado «movimiento propio» en tres estrellas, lo que indicaba que, aunque el conjunto de las estrellas parecía moverse como una unidad, al menos algunas de ellas lo hacían de manera independiente. Poco después, John Flamsteed, el primer astrónomo real de Inglaterra, elaboró un catálogo de tres mil estrellas, el *Historia Coelestis Britannica* de 1725. A finales de esa misma década, el astrónomo inglés James Bradley calculó que entre la Tierra y la estrella más cercana debía haber una distancia de al menos 400 000 UA, o 60 billones de kilómetros.

La estrella más cercana. La humanidad estaba lista para dar un enorme salto conceptual. La existencia de una estrella más cercana implica la existencia de otras más lejanas. Pero del mismo modo que Galileo no podía ver fenómenos nuevos en el cielo nocturno usando su rudimentario telescopio en lugar de la versión más potente inventada por Kepler, tampoco los astrónomos podrían explorar lo que había más allá del sistema solar mientras usaran el telescopio de Kepler.

Lo cierto es que *existía* una alternativa, aunque no parecía ofrecer muchas ventajas sobre la versión de Kepler. El modelo kepleriano de telescopio se basaba en la *refracción*, que es el cambio de dirección de la luz al pasar por la lente que está en el extremo más alejado del instrumento, antes de enfocarse cerca de una segunda lente en la base. En las décadas de 1660 y 1670 había surgido una alternativa, fruto del ingenio de inventores como Isaac Newton. Esta versión se basaba en la *reflexión*. La luz seguía entrando por el extremo orientado hacia el cielo, pero no pasaba por una lente. Simplemente seguía su camino por el tubo sin sufrir ninguna interrupción, al menos hasta llegar a un espejo paraboloide en la base. Allí rebotaba hacia un diminuto espejo situado a mitad del tubo y volvía a rebotar, esta vez hacia una lente en el lateral, donde el observador ponía el ojo. Pero lo único que se veía era una imagen con un nivel de aumento similar al de un telescopio kepleriano. ¿Dónde estaba entonces la ventaja?

Cuando el astrónomo aficionado (y organista profesional) William Herschel inició sus observaciones en la década de 1770, utilizó el mismo instrumento que, por lo que había leído, usaban todos los astrónomos de verdad: el telescopio refractor. Pero a medida que fue recurriendo a telescopios cada vez más grandes (3,5 metros, 4,5 metros, 9 metros), empezó a encontrarlos tan incómodos que acabó por alquilar un reflector. Aunque los resultados eran similares a los que había conseguido con telescopios refractores, solo medía 60 centímetros de largo y resultaba mucho más fácil de manejar.

Pero Herschel no tardó en darse cuenta de que el telescopio reflector tenía una característica que los astrónomos profesionales habían pasado por alto: podía llegar más lejos que un refractor.

Herschel descubrió que el telescopio reflector sigue una sencilla progresión lógica. En primer lugar, un espejo capta más luz que una lente del mismo diámetro. En segundo lugar, la cantidad de luz que capta un espejo aumenta con su diámetro. En tercer lugar, la distancia a la que puede llegar un telescopio es proporcional a la cantidad de luz que capta.

«Mi meta», escribió Herschel a un amigo en 1785, «es aumentar lo que llamo *poder de penetración en el espacio*». Ver más lejos no es demasiado útil para estudiar el sistema solar, pero sí las estrellas. Herschel aprendió a pulir espejos de diámetros cada vez más grandes. Cada aumento de diámetro suponía una mejora espectacular que le permitía ver estrellas más tenues y lejanas. El descubrimiento casual del planeta Urano, que Herschel observó el 13 de marzo de 1781, no tenía nada que ver con su investigación sobre las estrellas, pero dobló el diámetro del sistema solar y causó sensación entre la realeza y los astrónomos profesionales, obligándoles a reconsiderar la utilidad del telescopio reflector. Herschel pronto se encontró fabricando espejos para reyes y observatorios, y llegó un momento en que los pedidos recibidos se contaban por centenares. Para su uso particular fabricó espejos cada vez mayores, incluido uno que alcanzó los 120 centímetros de diámetro. El catálogo elaborado por Flamsteed en la década de 1720, del que Herschel poseía una copia, incluía tres mil estrellas; en solo 41 minutos de observación, Herschel estimó que había visto 258 000 estrellas.

«Hasta hoy, el firmamento se ha venido representando, como correspondía al fin buscado, con la superficie cóncava de una esfera», escribió a mediados de la década de 1780. «La hechura del firmamento», sin embargo, «únicamente se puede plasmar con precisión si cada cuerpo celeste está representado en tres dimensiones que, en el caso del universo visible, podemos denominar longitud, anchura y profundidad».

Coelorum perrupit claustra, dice el epitafio de su tumba en la parroquia inglesa de Slough, donde Herschel pasó gran parte de su vida: «Se abrió paso a través de los cielos». Lo que había al otro lado era el segundo de los cuatro horizontes que el Webb empezó a explorar en 2022, cuando se cumplían 200 años del fallecimiento de Herschel: las estrellas y sus planetas.

Pocos días después de su charla en el Instituto de Ciencias del Telescopio Espacial, Nikku Madhusudhan empezó a sentir remordimientos.

No se arrepentía de haber anunciado la posible presencia de dimetilsulfuro en la atmósfera de K2-18 b. Había tenido la precaución de decir que esa «detección» era solo «provisional» y, en privado, confesaba que en realidad era «muy, muy provisional».

Tampoco se arrepentía de haber dicho que ese descubrimiento podía ser trascendental. Si se confirmaba la detección de esa molécula, no cabía duda de que se trataba de un momento histórico.

De lo que Madhusudhan se arrepentía era de la forma en que había hecho el anuncio. Empezaba a pensar que había sido demasiado teatral. Pero ya era tarde. *Lo hecho, hecho está*, se dijo mientras consideraba posibles problemas de relaciones públicas. Y lo cierto es que la reacción a los resultados de su grupo fue el equivalente científico a una tormenta mediática. Tanto las redes como los medios tradicionales se lanzaron sobre la «noticia» desde el mismo día del anuncio.

Algunos lo hicieron con cierta moderación: ¿SE HA DESCUBIERTO VIDA EN UN EXOPLANETA?[1]

Otros no tanto: DESCUBIERTA EN OTRO MUNDO UNA MOLÉCULA[2] QUE SOLO PRODUCEN LOS ORGANISMOS VIVOS[3].

Y otros con titulares que harían que cualquier científico dudara de sus dotes de comunicación: DESCUBRIMIENTO SENSACIONAL: ¡EL JAMES WEBB HALLA INDICIOS DE VIDA EN K2-18 B!

La «narrativa de la vida», como empezó a llamarla Madhusudhan, parecía estar mucho más arraigada en la imaginación humana de lo que había pensado. Y había pensado *mucho* en ello. Incluso había procurado que la publicación en internet del artículo y el comunicado de prensa con los resultados de su grupo coincidiera con la jornada de apertura del congreso «El primer año del telescopio espacial James Webb», el mismo día en que dio su charla.

«La búsqueda de ambientes habitables y biomarcadores en atmósferas de exoplanetas», decía la primera frase del artículo, «es el santo grial de las ciencias exoplanetarias». Dejando a un lado la mala sintaxis (lo que es el santo grial es el *descubrimiento*, no la *búsqueda*), los lectores sabían de lo que estaba hablando:

Vida.

La existencia de vida. La probabilidad de existencia de vida. Las condiciones necesarias para la posible existencia de vida. La aparición de las condiciones necesarias para la posible existencia de vida.

---

[1] Es una pregunta interesante, pero no.

[2] No es cierto.

[3] Hasta donde sabemos; pero lo que sabemos se basa únicamente en las condiciones imperantes en la Tierra.

Cuando los astrónomos hablan de vida extraterrestre, no se refieren a Alf ni a E.T. ni a los klingon. Puede ser vida a nivel unicelular o (mejor todavía) pluricelular. Nada de eso excluye formas de vida más avanzadas, pero la probabilidad de encontrar seres inteligentes es muchísimo menor que la de descubrir la posible existencia de microbios.

En nuestro sistema solar, la búsqueda del origen de la vida con el Webb se había centrado en dos preguntas básicas: *¿dónde hay agua?* y *¿cómo ha llegado hasta ahí?* Más allá del sistema solar, pero sin salir de nuestra galaxia, las preguntas eran muy similares: *¿dónde se dan las condiciones necesarias para la vida (incluyendo agua, probablemente)?* y *¿cómo se han creado ahí esas condiciones?* Para tratar de dar respuesta a esas preguntas, los investigadores se concentraron en tres etapas de la formación de exoplanetas poco conocidas hasta entonces (o incluso imposibles de observar), ya que se trataba de procesos ocultos por regiones de gas y polvo en las que solo la visión infrarroja del Webb podía penetrar.

La primera de esas etapas era la de las protoestrellas, objetos que aún están evolucionando pero acabarán convirtiéndose en estrellas.

El Webb obtuvo en noviembre de 2022 una imagen de L1527, una nube oscura situada a unos 460 años luz de la Tierra, en la constelación de Tauro. Los astrónomos consideran que L1527 es una protoestrella de clase 0, la fase más temprana en la formación estelar. Como ocurría con muchas de las imágenes del Webb, el polvo de L1527 era impenetrable a longitudes de onda ópticas, pero totalmente transparente en el infrarrojo. El Webb reveló que tenía la forma de un reloj de arena: dos gigantescos globos de gas y polvo que se extendían a ambos lados de un «cuello» estrecho, en cuyo centro había una protoestrella.

La protoestrella en sí no era visible, pero se podía apreciar su influencia en el entorno. Los dos globos que recordaban un reloj de arena estaban formados por material expulsado por la protoestrella al crear el espacio que necesitaba para nacer. Incluso era posible ver el proceso de nacimiento en el cuello del reloj de arena. Acercándose lo suficiente (algo al alcance del Webb), se podía observar la acreción de gas y polvo que formaba un disco en las proximidades de la protoestrella. Según los cálculos de los astrónomos, ese disco tenía un tamaño similar al del sistema solar. Si eso era así, existía la posibilidad de que el proceso de formación del disco protoplanetario de L1527 fuera análogo al que dio lugar al Sol y los planetas del sistema solar, incluida la Tierra.

Usando otros instrumentos, los astrónomos habían estimado que L1527 tenía solo unos cientos de miles de años. Nuestro sistema solar tiene alrededor de 4500 millones de años. En la escala de la vida de una persona de ochenta años, los astrónomos estaban estudiando L1527 en busca de pistas sobre cómo se comportaba el sistema solar apenas trece horas después de nacer, cuando su disco central de gas y polvo se estaba haciendo cada vez más denso y caliente, pero antes de que la compresión gravitatoria iniciara la fusión de hidrógeno en su núcleo y naciera nuestra estrella.

Agua. Agua por todas partes.

La segunda etapa importante en la búsqueda de vida era la formación de protoplanetas y sistemas protoplanetarios. Mientras que los astrónomos estudian el sistema solar para averiguar dónde hay agua y cómo llegó ahí, los expertos en exoplanetas quieren saber cuál es el papel del agua en el resto de la galaxia.

Por analogía con el sistema solar, los teóricos sugirieron que el agua podía proceder de los límites exteriores del disco protoplanetario, la misma región donde se originan los cometas en nuestro sistema solar. En concreto, la teoría proponía que guijarros helados situados en las frías regiones exteriores de los discos protoplanetarios podían desplazarse hacia la estrella, transportando los sólidos y líquidos que, en cantidades suficientes, podrían combinarse para formar planetas. Si eso era correcto, los astrónomos deberían encontrar abundante vapor de agua en las regiones donde esos supuestos guijarros atravesaran la «línea de nieve», el punto en que el calor de la estrella convierte el hielo en vapor de agua.

En noviembre de 2023, los astrónomos anunciaron que habían hallado pruebas que confirmaban esa teoría. Usando el espectrómetro de resolución media, un componente del instrumento de infrarrojo medio del Webb que es especialmente sensible a la detección de vapor de agua, habían estudiado cuatro discos protoplanetarios en torno a estrellas similares al Sol. Dos de esos discos eran de tipo «compacto» y tenían un tamaño parecido al de nuestro sistema solar. Los investigadores esperaban encontrar mucho vapor de agua en esos discos, ya que sus protoplanetas estarían cerca de donde se encuentra la línea de nieve en el sistema solar. Los otros dos discos eran de tipo «extendido», por lo que sus protoplanetas estarían muy lejos de la línea de nieve de sus estrellas. Los astrónomos encontraron lo que esperaban: abundancia de vapor de agua en los discos protoplanetarios compactos y una ausencia relativa de vapor de agua en los discos extendidos.

En astronomía, sin embargo, «hielo» no es solo la forma sólida de un compuesto químico con dos átomos de hidrógeno y uno de oxígeno, sino las formas sólidas de elementos (hidrógeno, oxígeno, carbono, nitrógeno y azufre) y los compuestos a los que dan lugar. Durante los seis primeros meses de uso del Webb, un equipo internacional de astrónomos estudió la nube molecular Camaleón I, a unos 630 años luz de la Tierra, y realizó el análisis más completo hasta la fecha de hielos en un disco protoplanetario. Entre las moléculas que encontraron había formas sólidas de dióxido de carbono, amoníaco, metano y metanol, lo que parecía confirmar la idea de que la formación de moléculas complejas es anterior incluso a la fase protoplanetaria de la evolución estelar.

Pero la existencia de esos pedacitos de hielo no garantiza la aparición de vida. Ni siquiera garantiza que se formen objetos más grandes. En caso de formarse, sin embargo, darían lugar a la tercera etapa en la búsqueda de vida en nuestra galaxia, después de las protoestrellas y los protoplanetas: los exoplanetas propiamente dichos.

Desde un punto de vista puramente práctico, no se puede buscar vida en exoplanetas si no se tiene la certeza de que los exoplanetas existen.

Parecía evidente que debían existir. De hecho, su estudio se incluyó desde el principio en el proyecto de lo que luego sería el Webb, allá en la década de los 80, dando por supuesto que ya se habría descubierto alguno para cuando el telescopio empezara a funcionar.

La primera detección de un planeta en órbita alrededor de una estrella que no fuera el Sol se produjo en octubre de 1995[4], más o menos en mitad de las deliberaciones del comité *Más allá del Hubble* que dirigía Dressler. Los astrónomos suizos Michel Mayor y Didier Queloz anunciaron que habían

---

[4] La primera confirmación de la existencia de exoplanetas tuvo lugar en 1992, pero se trataba de planetas que orbitaban en torno a un púlsar, una estrella de neutrones (un vestigio hiperdenso de una estrella supergigante) que gira poco más de una vez por segundo. Ese descubrimiento fue importante a nivel conceptual, pero no era necesariamente representativo de lo que se podría encontrar alrededor de una estrella similar al Sol.

identificado un planeta del tamaño de Júpiter en una órbita de cuatro días en torno a la estrella 51 Pegasi. La corta duración del período orbital indica que el planeta se mueve a enorme velocidad, lo que a su vez sugiere, según las leyes de la gravedad, que está muy cerca de su estrella.

Cuando pensamos en la interacción gravitatoria de una estrella y un planeta (el Sol y la Tierra, por ejemplo), tendemos a centrarnos en un único aspecto de esa interacción: el efecto de la estrella sobre el planeta, que queda ligado a ella en toda su órbita. Pero la interacción funciona en ambos sentidos, por lo que también el planeta afecta a la estrella[5]. Mayor y Queloz hicieron su descubrimiento con un espectrógrafo instalado en un telescopio francés que medía la influencia del planeta sobre la estrella: la reducción (corrimiento al azul) o el aumento (corrimiento al rojo) de las longitudes de onda en la luz de la estrella 51 Pegasi al acercarse o alejarse del telescopio debido a la interacción con el planeta.

El método de la velocidad radial fue el más utilizado para detectar exoplanetas durante los quince años siguientes. Sin embargo, este método favorece aquellos planetas que generan en la estrella una oscilación que se puede detectar desde la Tierra: gigantes del tamaño de Júpiter, por ejemplo, en una órbita muy próxima a sus estrellas. Además, un planeta tan cercano a su estrella estaría demasiado caliente para albergar vida. Los instrumentos que los ingenieros del Webb estaban diseñando en la primera década del siglo XXI utilizarían un método distinto que había sido propuesto poco tiempo antes.

El lanzamiento del telescopio espacial Kepler en 2009 dio inicio a una nueva era en el descubrimiento de exoplanetas. En lugar de observar los movimientos de una estrella, Kepler registraba variaciones en su luz durante el tránsito de un exoplaneta frente a la superficie de la estrella (desde nuestro punto de vista). Al igual que el método de la velocidad radial, el método del tránsito es indirecto: lo que se observa no es el exoplaneta, sino solo su efecto sobre la luz de la estrella que está «detrás». Sin embargo, este método permite detectar planetas de tamaño similar a la Tierra y más alejados de sus estrellas que los exoplanetas descubiertos anteriormente. Cuando la misión finalizó en 2018, Kepler había identificado un total de 2600 exoplanetas.

---

[5] La Tierra, por ejemplo, atrae al Sol unos 9 centímetros a lo largo de su órbita.

La NASA lanzó ese mismo año la sonda TESS (satélite de sondeo de exoplanetas en tránsito), que también utilizaba el método del tránsito. El objetivo en ambos casos (Kepler y TESS) era hacer un recuento de exoplanetas y caracterizarlos por su masa, tamaño, densidad, distancia a la estrella y período orbital. El número de exoplanetas conocidos cuando se lanzó el Webb era superior a 5000, de los que más de 4000 pertenecían a un sistema planetario, mientras que el número de exoplanetas similares a la Tierra conocidos llegaba a 200, de los que unas tres docenas tenían lo que los astrónomos llaman «potencial de habitabilidad».

El criterio básico para determinar si un planeta está en la zona habitable es la distancia a su estrella. ¿Está demasiado cerca (y demasiado caliente, por tanto) para que en él exista el agua que consideramos indispensable para la vida? ¿Está tan alejado de la estrella que tiene una temperatura demasiado baja? ¿O está a la distancia justa?

Evidentemente, el hecho de que un planeta esté en la zona habitable no garantiza que haya agua en él. De los cuatro planetas que hay en la zona habitable del Sol, tres de ellos tienen agua o parece que la han tenido en algún momento: Mercurio, la Tierra y Marte. En Venus, por el contrario, no hay señales de agua.

Tampoco la presencia de agua garantiza que exista vida. En Marte parece haber restos de un lecho marino que perdió su agua hace mucho tiempo; también es posible que haya hielo subterráneo cerca de su ecuador. Mercurio presenta restos de hielo en las regiones polares, al igual que la Luna. Hasta donde sabemos, solo ha surgido vida en uno de los planetas que ocupan la zona habitable del Sol: la Tierra.

De hecho, la idea de que el agua es necesaria para la vida no pasa de ser una hipótesis (bastante sólida, eso sí). El agua *es* necesaria para la vida tal como la conocemos, pero la vida tal como la conocemos es la única vida que conocemos. Estamos ante lo que los científicos llaman «problema de n = 1», puesto que no contamos más que con un único dato.

En cualquier caso, identificar un exoplaneta similar a la Tierra en una zona habitable ya es un comienzo en la búsqueda de vida extraterrestre. En eso consiste precisamente la fase de descubrimiento en una investigación científica. Como Galileo cuando observaba Júpiter desde su jardín o Heidi Hammel mientras estudiaba Urano y Neptuno desde un observatorio en

Hawái, Kepler y TESS (junto con sus predecesores terrestres) definieron la fase de descubrimiento en la búsqueda de exoplanetas desde octubre de 1995 hasta el 12 de julio de 2022.

No es que el Webb no fuera a participar también en la fase de descubrimiento. El 1 de septiembre de 2022, menos de dos meses después del inicio de la misión, el Webb anunció su primera detección *directa* de un exoplaneta, HIP 65426 b. Fue solo el primero de muchos. Dos de las cámaras del Webb, la cámara de infrarrojo cercano y el instrumento de infrarrojo medio, estaban equipadas con coronógrafos para bloquear la luz de una estrella y aislar así cualquier planeta que orbitara a su alrededor. Ya el Hubble había hecho un buen número de observaciones directas de exoplanetas, aunque tenían que estar a mucha distancia de la estrella para que pudiera verlos. También HIP 65426 b estaba muy alejado de su estrella: cien veces más lejos que la Tierra del Sol. El descubrimiento fue importante por tratarse de la primera detección de un exoplaneta por el Webb, pero no aportó demasiado a la búsqueda de vida.

La principal diferencia con el Hubble era que el Webb *sí* trataba de detectar planetas en la zona habitable. Para ello también utilizaba el método del tránsito, pero completándolo con espectroscopía para revelar lo que había en la atmósfera del exoplaneta y, en algunos casos, incluso la composición del propio planeta.

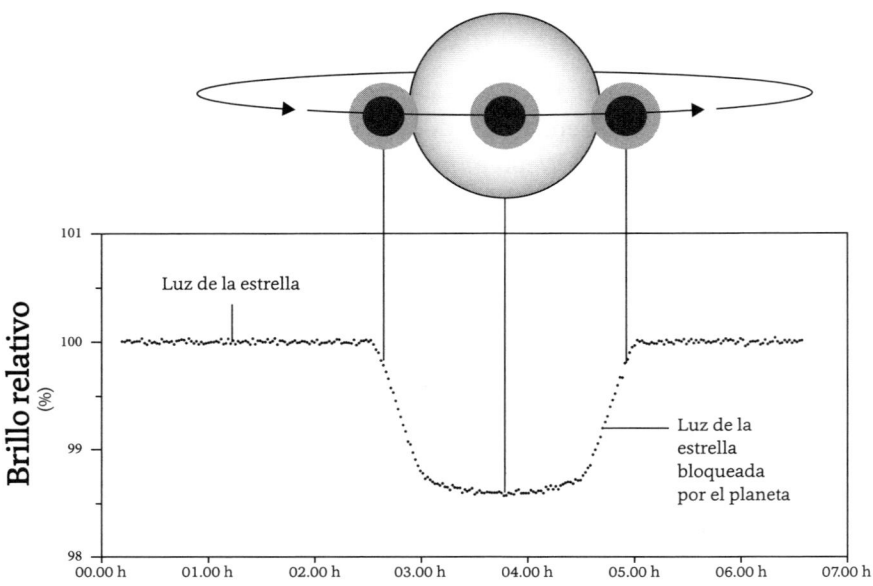

Luz de la estrella

Luz de la estrella bloqueada por el planeta

Brillo relativo (%)

Hora de Baltimore (Maryland)
21 de junio de 2022

En tránsito. Un planeta bloquea parte de la luz de una estrella cuando pasa por delante de ella (visto desde el telescopio). Esta ilustración, junto con la curva de luz real obtenida por la cámara de infrarrojo cercano y el espectrógrafo sin ranuras del Webb, muestra cómo varía el brillo de la luz del sistema estelar WASP-96 durante un tránsito. Estos datos permiten a los astrónomos determinar el tamaño y el período orbital de un planeta, entre otra información importante. Si además comparan espectros de la estrella sin y con el planeta, también pueden identificar lo que hay en la atmósfera del planeta.

Veamos el proceso con un poco más de detalle. En primer lugar, los astrónomos realizan un análisis espectroscópico de la luz procedente de una estrella. A continuación, repiten el análisis durante el tránsito de un exoplaneta frente a la estrella. Al comparar los dos conjuntos de datos (la composición química de la estrella *sin y con* el planeta), pueden determinar la composición química de la atmósfera del objeto en tránsito.

El equipo de Nikku Madhusudhan eligió K2-18 b debido en parte a que las observaciones de Kepler indicaban que el exoplaneta se encuentra en la zona habitable de su estrella. También les atraía el hecho de que el exoplaneta era más grande y tenía una atmósfera más extensa que un planeta pequeño y rocoso como la Tierra; como decía el artículo que publicaron en *Astrophysical Journal Letters*, esas propiedades hacían que fuera «mucho más accesible». Por último, tenían la sospecha de que K2-18 b podía ser un planeta *hicéano*, término formado por la combinación de las palabras *hidrógeno* (en la atmósfera) y *océano* (en la superficie). En el momento en que el equipo de Madhusudhan realizó sus observaciones, la existencia de planetas hicéanos no pasaba de ser una hipótesis (tanto el término como el concepto nacieron en 2021). Pero si había planetas hicéanos, K2-18 b era un «ejemplo de manual», como le gustaba decir a Madhusudhan.

Según los teóricos de los planetas hicéanos, un planeta con una atmósfera rica en hidrógeno y una superficie de agua (ya sea en estado líquido, sólido o gaseoso) debe tener también metano y dióxido de carbono en su atmósfera. El grupo de Madhusudhan logró identificar ambos compuestos con unos niveles de confianza de 5 y 3 sigma, respectivamente, donde *sigma* es el nombre que dan los científicos a la certidumbre estadística. El nivel de referencia es 5 sigma, que corresponde a una confianza del 99,9999997 %, o una probabilidad de 1 en 3 500 000 de que el resultado sea una coincidencia o una casualidad. Un nivel de confianza de 3 sigma no es tan «robusto» (en el argot científico), ya que corresponde aproximadamente a una probabilidad de 1 en 740 de que se trate de algo fortuito. Ese nivel de confianza estadística, en el que el resultado es correcto 739 de cada 740 veces, puede parecer exiguo en comparación con una probabilidad de 3 499 999/3 500 000, pero corresponde a una confianza del 99,73 %. En pocas palabras: el grupo de Madhusudhan había detectado la presencia casi segura de metano y la probable presencia de dióxido de carbono en la atmósfera de K2-18 b.

Estos resultados eran muy importantes en sí mismos, pero la detección de metano tenía además una relevancia especial en el campo de la astronomía exoplanetaria. A pesar de que los teóricos habían predicho su presencia en atmósferas hiceánas (o muy similares), las observaciones espectroscópicas de atmósferas de exoplanetas realizadas antes del Webb no habían conseguido detectar metano. Eso dio lugar a lo que se llamó «el problema del metano desaparecido». El grupo de Madhusudhan no fue el primero en anunciar la detección de metano en la atmósfera de un exoplaneta, pero su descubrimiento confirmó a la comunidad científica que el metano ya no estaba desaparecido.

Por lo que se refiere a la «detección» de dimetilsulfuro, el artículo publicado en *Astrophysical Journal Letters* indicaba un cierto intervalo de sigma, aunque incluso el nivel superior era demasiado bajo para que los científicos se tomaran la detección como algo más que una curiosidad. Pero el artículo *no* podía dejar de mencionarlo, ya que la mayor parte del dimetilsulfuro que hay en la atmósfera terrestre procede del fitoplancton (microalgas presentes en entornos marinos). No se trata de vida animal, por supuesto, sino de vida vegetal (*fito* significa «planta» en griego); y de vida vegetal *microscópica*, además.

Pero vida al fin y al cabo.

Por eso los autores del artículo dedicaron el espacio necesario a considerar la posible presencia de dimetilsulfuro en K2-18 b, en parte para reservarse el derecho a reclamar en el futuro un descubrimiento tan importante. Pero también insistieron en que se trataba de un resultado provisional. El texto calificaba la detección de «marginal», explicando que podía ser fruto de una «posible extrapolación». El resumen del artículo contenía una expresión que era prudente por partida triple: «sugiere potenciales indicios».

Sugiere. Es decir: tal vez.

Potenciales. Es decir: tal vez.

Indicios. Es decir: ...

Llegados a este punto, vamos a hacer una pausa. Las siguientes páginas no están dedicadas al estudio de planetas extrasolares con el Webb, ni siquiera a las observaciones del universo con el telescopio, sino a una pregunta que los científicos del Webb tienen que responder con mucha frecuencia. Se trata de algo que afecta a los objetivos del Webb en todos campos que se abren con cada nuevo horizonte. La pregunta es la siguiente: *¿Es esto lo que se vería?*

¿Es esto (sea *esto* lo que sea) lo que se vería si lo pudiéramos ver desde cerca con nuestros ojos?

La respuesta rápida es *no*. El Webb, a diferencia de nuestros ojos, ve en el infrarrojo.

Pero entonces, ¿qué es lo que *ven* los astrónomos? ¿Qué vemos todos los demás?

En el resumen del artículo de Madhusudhan, «indicios» hacía referencia a análisis espectroscópicos: un gráfico con picos y valles que recuerda a las líneas de un detector de mentiras o un electrocardiograma. Esos picos y valles indican las concentraciones o las absorciones de los elementos o compuestos que corresponden a esas franjas concretas del espectro electromagnético, las líneas espectroscópicas que Fraunhofer descubrió en 1815 y que Bunsen y Kirchhoff identificaron varias décadas después. Mientras que nuestros ojos perciben ondas electromagnéticas con longitudes de onda que van desde 0,4 hasta 0,7 micras (un intervalo de apenas 0,3 micras), el Webb puede ver en el infrarrojo en un intervalo de 27,9 micras, o más de noventa veces el intervalo del ojo humano. El alcance del Webb en el infrarrojo permite captar más líneas espectrales y, por tanto, identificar más compuestos químicos que con la mayor parte de los telescopios anteriores.

Pero los dos espectrómetros del Webb son también más precisos. Los gráficos espectrales del Webb contienen barras de error que son mucho más pequeñas que las de instrumentos de generaciones precedentes. Para un astrónomo, un gráfico del Webb es una auténtica obra de arte que merecería estar expuesta en un museo. La primera vez que vieron un espectro del Webb, los astrónomos ni siquiera necesitaron saber lo que estaban mirando para comprender que se trataba de algo extraordinario. Cuando mostraban esos gráficos en un congreso de astronomía, la respuesta más habitual era un murmullo de admiración, aunque la mayor parte de la audiencia trabajara en otros campos. Cualquiera podía imaginar lo que supondría un gráfico así en su propio campo y estaría de acuerdo con lo que dijo una astrónoma cuando presentó uno de sus gráficos: «Este diagrama de fases» (un gráfico espectroscópico que sigue a un exoplaneta no durante un tránsito, sino durante la totalidad de su órbita) «es *la leche*».

Para un profano, sin embargo, el gráfico de un espectro puede parecer simplemente... un gráfico. Y para un profano con fobia a las matemáticas puede parecer algo todavía peor: una serie de líneas como las de un sismógrafo y un par de ejes con un montón de etiquetas. Por algo no había más que un espectro entre las primeras cinco imágenes del Webb que se hicieron públicas el 12 de julio de 2022; se temía (con razón) que la gente no entendiera lo que estaba viendo. Por el contrario, el elegante remolino de una galaxia espiral podía maravillar por igual a científicos y profanos.

Las fotografías del Webb se obtienen de la misma forma que las imágenes de cualquier dispositivo digital, incluidos nuestros *smartphones*: como una serie de ceros y unos. Luego se usa software para convertir los números en píxeles. Cada píxel tiene uno de 65 536 valores posibles, cada uno de los cuales corresponde a la intensidad de los fotones captados y, por consiguiente, a un tono concreto de gris.

A continuación hay que añadir el color. Las imágenes no están en color, sino en escala de grises. Cuando proponen un programa de investigación, los astrónomos tienen que elegir entre veintinueve filtros de las cámaras del Webb que les permiten ver a las longitudes de onda correspondientes a los elementos y compuestos que quieren estudiar. Solo entonces, cuando los datos digitales de esos filtros han pasado por los instrumentos del Webb, los astrónomos y los expertos en tratamiento de imágenes asignan colores a los datos obtenidos a esas longitudes de onda. Y pueden asignar los colores que ellos prefieran.

En astronomía (para sorpresa incluso de muchos astrónomos) no se sigue un sistema estándar a la hora de asignar colores. Hay quien utiliza tonos de rojo cada vez más oscuros para indicar temperaturas crecientes, mientras que otros prefieren usar tonos de azul. En la imagen de los Pilares de la Creación obtenida por el Hubble en 2018, por ejemplo, se asignó al hidrógeno el color verde, mientras que en la versión del Webb de 2022 se le asignó el azul. En el caso de los globos del «reloj de arena» a ambos lados de la protoestrella en el centro de la oscura nube L1527, el gran globo azul correspondía a la región con menos polvo y el naranja a la zona donde el polvo era más espeso. Si un astrónomo no tuviera información para descifrar el código empleado en cualquiera de esas imágenes, el mensaje no tendría ningún sentido[6].

El público no dispone de esa información, por supuesto. Por eso las imágenes del Webb se publican con una descripción que, si se considera necesario, incluye una referencia a lo que significan los colores.

En cualquier caso, hay algo que todos podemos hacer.

El archivo Barbara A. Mikulski para telescopios espaciales (así llamado en homenaje a la senadora que salvó el Webb) contiene imágenes de diversas misiones. Casi todas las imágenes del Webb están disponibles allí para que las descargue quien lo desee, y no solo científicos (las demás se retienen durante un breve tiempo debido a limitaciones impuestas por la investigación). Los datos son de dominio público y cualquiera puede verlos o incluso jugar con ellos[7].

Y a la gente le encanta jugar con ellos. Internet está llena de imágenes del Webb que han sido modificadas con mucho arte. Cualquiera puede crear sus propios Pilares de la Creación. No tendrán ninguna utilidad científica, pero serán únicos por derecho propio: versiones muy personales de lo que «realmente» muestran estas imágenes.

Y cualquiera puede comunicar a familiares, amigos y usuarios de internet que ha creado su propio universo... y decirlo completamente en serio.

---

[6] Los astrónomos y los expertos en imágenes también pueden elegir colores guiándose por criterios estéticos relacionados con la orientación, el encuadre y el contraste. Los científicos (como Heidi Hammel cuando derramó una lágrima al ver los anillos de Neptuno en su ordenador) son tan sensibles como cualquier otra persona a la belleza de una imagen. En un congreso de astronomía, una fotografía del Webb que resultaba especialmente espectacular levantó un murmullo de admiración entre el público.

«Eso no es ciencia», se quejó amargamente el conferenciante.

[7] https://archive.stsci.edu/missions-and-data/jwst

5

Tercer horizonte:
a través del universo

«No me lo creo».

El grupo se acababa de reunir para hablar sobre sus últimos resultados (que Ori Fox, el investigador principal, consideraba «inmediatamente publicables») y ya había alguien que no estaba de acuerdo.

Fox se desplomó en la silla. Su estudiante posdoctoral, Melissa Shahbandeh, se revolvió en el asiento que ocupaba en la misma mesa. Había otros miembros del grupo presentes en la sala de conferencias de la Rotonda, un anexo del Instituto de Ciencias del Telescopio Espacial en un centro comercial vecino, un par de pisos por encima de la barbería Floyd's 99, por la que había que pasar para llegar al ascensor si la entrada que había frente al aparcamiento estaba cerrada. Una pantalla en el extremo de la sala mostraba los rostros de quienes no habían podido acudir en persona. La opinión de su colega no dejó indiferente a nadie.

¿Acaso no estaban ante el descubrimiento más importante de sus vidas? Apenas unos días antes, el grupo había celebrado una reunión virtual en Slack para descargar los datos transmitidos por el Webb, que fueron recibidos con expresiones de asombro e intercambio de pantallazos. Los datos contenían infinidad de detalles y prometían mucho, aunque nadie sabía exactamente qué. Así que tuvieron que dejar a un lado su entusiasmo y esperar a que alguien analizara los datos.

Eso era precisamente lo que Fox y especialmente Shahbandeh habían hecho. Gracias a su trabajo, ya tenían los resultados que estaban esperando para celebrar. Y ahora salía alguien diciendo que no le convencían. Fox y Shahbandeh aún estaban pensando cómo hacerle cambiar de opinión cuando otro miembro del grupo alzó la voz: tampoco él se lo creía.

Las dos voces discordantes unieron fuerzas para defender su postura.

Imposible, dijeron. *No puede haber tanto polvo* (el grupo había usado el Webb para observar polvo, con la esperanza de saber algo más sobre uno de los principales mecanismos de crecimiento en el universo). Obtener esos datos había sido demasiado fácil, añadieron. Habían tardado muy poco. *Sospechosamente poco*.

No puede ser, repitieron. *De ninguna manera*. Sobre todo porque el método que habían utilizado era solo uno de varios métodos posibles.

Sí, admitió Fox, era difícil de creer, pero eso no significaba que fuera incorrecto. Tanto él como Shahbandeh habían tomado todo tipo de precauciones. Habían revisado los datos y verificado los modelos. Incluso habían contratado a un *experto* en verificar modelos teóricos y su conclusión no dejaba lugar a dudas: los resultados eran sólidos y se podían publicar.

«Es uno de los mejores en su campo», insistió Fox. «Por eso está *en nuestro equipo*».

Los dos disidentes seguían en sus trece.

«¡Venga ya!», explotó Fox.

Pero el jurado había hablado. El grupo no podía escribir un artículo y presentarlo para su publicación sin la aprobación unánime de todos los miembros.

Finalmente Fox, dándose por vencido, interpeló a los dos rebeldes.

«Muy bien», dijo. «¿Qué más tenemos que hacer para convenceros?»

Hasta el 6 de octubre de 1923, el universo estuvo dividido en cuatro partes: primero la Tierra, como siempre; luego los diversos objetos que forman el resto del sistema solar; después las estrellas, a las que William Herschel y sus enormes espejos habían dotado de profundidad; y finalmente... ¿algo más?

Puede que no. Tal vez el universo no fuera más allá de las estrellas. Cabía la posibilidad de que los telescopios, después de que Herschel se abriera paso «a través de los cielos», como decía su epitafio, hubieran alcanzado los más remotos confines del espacio.

¿Pero por qué pensar que las estrellas más alejadas de nosotros definen hasta dónde puede llegar todo lo que existe? Con cada nueva extensión de los límites tecnológicos del telescopio, los astrónomos habían extendido también los límites del universo que habían heredado. Y si existía *algo más* ahí fuera, más allá del horizonte más lejano, los astrónomos de principios del siglo XX ya tenían una idea aproximada de lo que podía ser: nebulosas, del latín *nebulae*, que significa «nubes».

Nadie sabía qué podían ser esas nubes, más allá de unas manchas borrosas en el cielo nocturno. Antes de Galileo ya se habían observado a simple vista nueve de esas manchas. Gracias a sus telescopios, Galileo había determinado que algunas de ellas no eran más que «acumulaciones» (conjuntos) «de innumerables estrellas». Pero identificar las otras nubes resultaba más complicado, pese a que los astrónomos descubrieron que había muchas más. Cuando Herschel inició sus observaciones en la década de 1770, el número de nebulosas conocidas ascendía ya a noventa. La profundidad de sus telescopios (la capacidad de captar mayores cantidades de luz para llegar más lejos) permitió a Herschel identificar otras 2500 nebulosas.

Herschel se dedicó fundamentalmente a la observación de estrellas, pero también trató de estudiar esas nebulosas que se resistían a revelar sus secretos. ¿Eran estrellas individuales que flotaban rodeadas de algún tipo de materia? ¿Serían gaseosas? ¿O podrían ser, por usar un término que empezaba a hacerse popular por entonces, «universos islas» como el nuestro?

¿Pero como nuestro *qué*, exactamente? Los antiguos griegos tenían un nombre para la banda blanquecina que atraviesa el firmamento en una noche oscura: *galactos*, o «la leche derramada en el cielo»[1]. Con el paso de los siglos, los dos términos, galaxia y Vía Láctea, habían llegado a ser casi sinónimos. Después de la invención del telescopio, los astrónomos descubrieron que esa mancha lechosa estaba en realidad compuesta de estrellas. En la época de Herschel, algunos astrónomos y filósofos (como Immanuel Kant en 1755) ya admitían la posibilidad de que las estrellas de nuestro universo isla fueran similares al Sol. Pero su razonamiento no se quedó ahí: si el Sol es una más del enorme conjunto de estrellas que llamamos Vía Láctea, ¿por qué no pensar que la Vía Láctea es una más del enorme conjunto de nebulosas que llamamos universos islas?

---

[1] Otras culturas utilizaron nombres diferentes. En China, por ejemplo, la llamaron «Río de Plata».

En la década de 1840, el noble irlandés William Parsons, tercer conde de Rosse, decidió seguir el ejemplo de Herschel en la generación anterior y construir un gigantesco telescopio reflector en las posesiones de su familia en el condado de Offaly. La estructura no tardó en ser conocida como el Leviatán de Parsonstown. Su espejo tenía un diámetro de 180 centímetros, 60 más que el mayor de los empleados por Herschel. Los descubrimientos siguieron el patrón habitual: más luz significaba más profundidad, y más profundidad significaba más nebulosas.

Pero más luz significaba también más resolución, un mayor nivel de detalle. Rosse (como todos llamaban a Parsons) comprobó que no solo podía llegar más lejos en el espacio y descubrir así más nebulosas, sino que en algunos casos también era capaz de distinguir la estructura de una nebulosa. En 1850 publicó un artículo que incluía dibujos de cinco nebulosas con forma espiral y una lista de otras catorce nebulosas espirales. Una de las personas que leyó el artículo fue el astrónomo estadounidense Stephen Alexander, que había estudiado los intentos de Herschel de representar «la hechura del firmamento» en tres dimensiones. Gracias al artículo de Rosse, en 1852 ya sabía qué forma debía buscar y pronto llegó a la conclusión de que las estrellas de nuestro universo isla (nuestra galaxia, la Vía Láctea) también «componen una espiral».

Bien avanzado el siglo XX, la cuestión de si las nebulosas espirales estaban dentro o fuera de nuestra galaxia seguía siendo objeto de discusión y, de hecho, dio lugar a lo que los historiadores denominaron el «Gran debate». En 1920, dos de los astrónomos más eminentes del momento se enfrentaron sobre el escenario del majestuoso auditorio Baird del Museo Smithsoniano de Historia Natural, en el National Mall de Washington D. C. Pero ganar un debate no bastaba para zanjar la cuestión. Hacían falta pruebas.

Y las pruebas llegaron tres años más tarde. El 4 de octubre de 1923, en el observatorio del monte Wilson en la sierra de San Gabriel, al nordeste de Los Ángeles, Edwin Hubble dirigió el telescopio hacia la Gran Nebulosa de Andrómeda, también llamada M31[2]. Su telescopio había sido construido

---

[2] Según la clasificación de 103 nebulosas publicada por el astrónomo francés Charles Messier en 1781. Messier consideraba las nebulosas como una molestia que dificultaba su búsqueda de cometas. Para Herschel, el *Catálogo* de Messier fue una ayuda inestimable en su estudio de las nebulosas.

solo cuatro años antes y tenía un espejo de 250 centímetros, 70 más que el Leviatán de Rosse[3]. Pero Hubble contaba con otra ventaja sobre sus predecesores: la fotografía.

Esta tecnología, relativamente nueva todavía, ofrecía dos ventajas a los astrónomos. La primera estaba relacionada con la cantidad de luz. Tanto los espejos reflectores como las lentes refractoras acumulan luz, pero esa acumulación de luz solo se puede observar mientras se mantienen los ojos abiertos. Lo mismo ocurre en una placa fotográfica, pero en este caso el ojo es un obturador que el fotógrafo puede mantener abierto tanto tiempo como desee. La placa de cristal va acumulando más y más luz durante todo ese tiempo, mientras los fotones emitidos por lejanos objetos saturan el bromuro de plata. Para fotografiar M31, Hubble dejó abierto el obturador durante 45 minutos.

Al día siguiente tuvo ocasión de aprovechar la segunda gran ventaja de la fotografía. El ojo puede captar una imagen de una cierta forma. El cerebro es capaz de apreciar detalles concretos en la imagen. Incluso podemos usar un lápiz para tratar de replicar esos detalles en un cuaderno.

Pero todas esas operaciones son enormemente subjetivas.

La imagen que Hubble tenía en su placa fotográfica, por el contrario, se podía considerar algo objetivo y relativamente independiente del observador (aunque no de la interpretación del investigador, lo que no hace sino demostrar que la ciencia es humana, después de todo). Era una imagen permanente, que formaba parte de un archivo histórico para que los astrónomos pudieran estudiarla siempre que quisieran.

Y eso fue lo que hizo Hubble en su despacho al día siguiente: examinar la placa que había obtenido la noche anterior. Entre los brazos espirales de M31 le pareció ver una «nova», es decir, una nueva estrella (o más bien la explosión de una estrella vieja, como los astrónomos estaban empezando a comprender). Así que esa noche volvió a fotografiar M31 con otros 45 minutos de exposición. A la mañana siguiente, juntó las placas de las dos noches y empezó a compararlas con fotografías anteriores de M31 obtenidas en distintas fechas.

---

[3] Aunque al principio resultó muy útil, el Leviatán acabó siendo una decepción. El viento y la humedad de Irlanda creaban con demasiada frecuencia lo que los astrónomos llaman condiciones de «mala visión».

Estaba claro: lo que había descubierto no era una nova. No se trataba de una estrella que empieza a brillar de repente y luego se va apagando hasta desaparecer, sino de una estrella variable, un tipo de estrella que, como su nombre indica, se enciende y se apaga alternativamente. Hubble pudo ordenar las placas como si fueran fotogramas de una película de cine (el último grito en entretenimiento) y ver por sí mismo cómo aumentaba y disminuía el brillo de la estrella.

Con un estudio más detallado, Hubble descubrió que la estrella variable de M31 no era una variable cualquiera. Era una variable cefeida, un tipo de estrella variable que no solo se enciende y se apaga alternativamente, sino que lo hace (como había descubierto el astrónomo aficionado inglés John Goodricke en 1784, cuando observó la estrella Delta Cephei en la constelación de Cefeo) con la precisión de un reloj y siempre con la misma intensidad.

Una variable cefeida era justo lo que Hubble había esperado encontrar para determinar si la nebulosa M31 formaba parte de nuestra galaxia o estaba fuera de ella. En 1908, la astrónoma de Harvard Henrietta Swan Leavitt había descubierto una relación de proporcionalidad entre el período de variación de una variable cefeida y su brillo intrínseco: cuanto más largo era el período entre un pico y el siguiente, más brillante era la variable. Dicho de otro modo: las variables cefeidas son lo que los astrónomos denominan «candelas patrón», un tipo de objetos con luminosidad constante. Una bombilla de 100 watios, por ejemplo, es una candela patrón; si sabemos que tiene una magnitud absoluta de 100 watios, podemos aplicar la ley cuadrática inversa a su magnitud aparente (el brillo que parece tener a una cierta distancia) para calcular a qué distancia se encuentra de nosotros. Cuando Hubble comparó el período de variación de la cefeida que había encontrado en M31 con los períodos de variación de las cefeidas estudiadas por Leavitt, llegó a la conclusión de que la distancia era demasiado grande para que esa cefeida (y la nebulosa a la que pertenece, M31) estuviera en nuestra galaxia de estrellas.

Hubble volvió a coger H335H, la placa fotográfica que había obtenido la noche del 5 al 6 de octubre, tachó la «N» que había escrito para indicar «nova» y en su lugar escribió «¡VAR!»[4].

El astrónomo estadounidense Vesto Slipher publicó aquel mismo año una lista de 41 nebulosas, la mayor parte de las cuales presentaban una curiosa característica. Combinando fotografía y espectroscopía, Slipher había descubierto que las líneas espectrales de 36 de esas nebulosas no estaban en las posiciones donde se esperaría verlas en el espectro electromagnético, sino que se encontraban desplazadas hacia el extremo rojo de la región visible del espectro. Esos «corrimientos al rojo» indicaban que las longitudes de onda habían aumentado, que es lo que cabría esperar si el objeto que emitió la luz se estuviera alejando del observador (o si el observador se estuviera alejando del objeto). Un corrimiento más grande correspondía a un alejamiento más rápido.

A lo largo de los siguientes años, Hubble empezó a representar gráficamente los principales datos de esas nebulosas y los de algunas otras que había reunido un colega suyo en el observatorio del monte Wilson. Representó las distancias a las nebulosas (obtenidas a partir de variables cefeidas y también, aunque con menor precisión, de las luminosidades relativas de las nebulosas) en el eje x y las velocidades (obtenidas a partir de los corrimientos al rojo) en el eje y. El gráfico sugería[5] una relación de proporcionalidad: el corrimiento al rojo aumentaba con la distancia a la que estaba la nebulosa; cuanto más lejos, más rápido. La conclusión a la que llegó Hubble (y a la que también llegó de manera independiente el teórico belga Georges Lemaître, aunque en lugar de datos empíricos utilizó las ecuaciones de la relatividad general de Einstein, que permiten cambios en la geometría del espacio) fue que el universo se está expandiendo.

---

[4] En cierta ocasión visité el despacho de un discípulo de Hubble, Allan Sandage, quien me preguntó si quería ver la placa. La sacó de un archivador (!) y la puso en mis manos. «Lo escribió en rojo», dijo Sandage señalando la palabra «¡VAR!» que Hubble había escrito. «Sabía que antes o después vendrían periodistas y querrían verlo».

[5] *Sugería* porque las barras de error no cumplirían los criterios actuales.

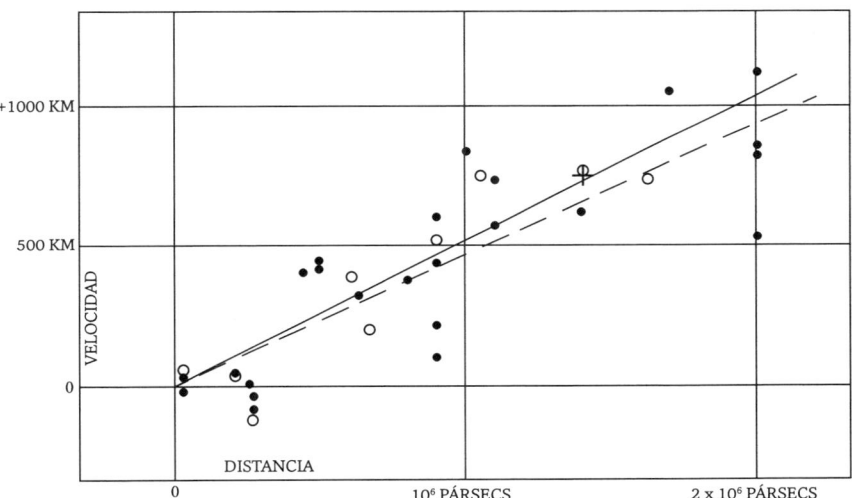

La cuarta dimensión. En 1929, el astrónomo Edwin Hubble publicó un gráfico que demostraba la existencia de una relación directa entre la distancia que nos separa de las galaxias y la velocidad con que se alejan de nosotros (y nosotros de ellas). Fue el embrión de la nueva ciencia de la cosmología: un universo en movimiento a través del tiempo.

Al abrirse paso «a través de los cielos», William Herschel había abierto una tercera dimensión en el firmamento más allá de nuestro sistema solar: la profundidad. Hubble y Lemaître extendieron esa dimensión y, con ella, el tamaño del universo fuera de los límites de nuestra galaxia.

Pero estos dos astrónomos no solo dotaron al universo de una profundidad aún mayor de la que le había dado Herschel para llegar todavía más lejos en la tercera dimensión. Abrieron también una cuarta dimensión; una dimensión en la que el Webb se adentraría para seguir la evolución de las galaxias a través del universo: la dimensión del tiempo.

Seguimos sin creerlo.

Los disidentes no daban su brazo a torcer. Semana tras semana, Ori Fox había ido informando puntualmente al grupo sobre todos los avances en la investigación, pero los incrédulos no cambiaban de opinión. Tampoco sus razones habían variado:

La observación y la teoría dependen una de otra. Si intentamos «ajustar» datos empíricos a un modelo teórico, tanto la observación como la teoría deben tener la calidad suficiente. En los «viejos tiempos» (antes del Webb), los astrónomos no tenían acceso a datos de tanta calidad. Estaban fuera de su alcance. Pero ahora que disponían de datos extraordinariamente buenos, necesitaban modelos que estuvieran a la altura.

Fox y Shahbandeh estaban de acuerdo con este razonamiento. ¿Cómo no iban a estarlo? Tenían en sus manos un instrumento que nadie había usado antes y que podía ver cosas que nadie había visto jamás. Por si fuera poco, estaban usando ese instrumento para estudiar una anomalía de la naturaleza que traía de cabeza a los astrónomos desde hacía mucho tiempo:

Polvo. Polvo por todas partes.

Había demasiado polvo en el universo. Del mismo modo que los astrónomos que estudian el sistema solar y nuestra galaxia utilizan el Webb para buscar agua y averiguar cómo se formaron estrellas y planetas (y si puede haber vida en ellos), otros expertos buscan polvo para estudiar la evolución de las galaxias. Si se junta la suficiente cantidad de polvo, la gravedad hará que se formen acumulaciones de materia. Con el tiempo, esas acumulaciones interactuarán con otras a través de la gravedad y crecerán en tamaño y densidad, hasta formar objetos que pueden ser tan pequeños como un micrometeorito o tan enormes como una galaxia. Y el polvo restante ocupará el espacio vecino, ya sea interestelar (entre estrellas de una galaxia) o intergaláctico (entre galaxias).

Pero, desde hacía ya cerca de medio siglo, los astrónomos estaban encontrando más polvo del que cabría esperar. Dado que la velocidad de la luz es finita, los astrónomos que estudian objetos situados a grandes distancias en el universo tienen que remontarse cada vez más atrás en el tiempo. Eso es lo que necesitan hacer para tratar de seguir la evolución del universo desde su infancia hasta el día de hoy. Pero los cosmólogos que estudian masas de polvo en momentos concretos de la historia del universo encontraban siempre más polvo del que predecían sus modelos.

De *algún sitio* debía salir todo ese polvo. Los astrónomos tenían un excelente sospechoso: las supernovas, estrellas masivas que terminan su vida con una explosión (o, por hablar con más propiedad, una implosión que hace colapsar el núcleo de la estrella y desencadena reacciones nucleares que culminan con una explosión). Antes del Webb, sin embargo, ningún telescopio había conseguido hacer las observaciones necesarias a las longitudes de onda adecuadas.

El polvo estelar suele estar frío (en comparación con las estrellas, al menos) y presenta un pico alrededor de las 20 micras en el espectro electromagnético. El telescopio espacial Spitzer, que estuvo activo entre 2003 y 2020, podía realizar observaciones a 20 micras, pero no era lo bastante potente para estudiar con suficiente detalle ni siquiera supernovas relativamente cercanas. En 2010, la gran matriz milimétrica de Atacama (ALMA) en Chile y el observatorio espacial Herschel orientaron sus detectores de infrarrojos hacia la supernova 1987A[6], una estrella que explotó en 1987 en la Gran Nube de Magallanes, la galaxia satélite de la Vía Láctea que, en términos cosmológicos, está a la vuelta de la esquina (para ser más precisos, a 158 200 años luz de distancia). Sus observaciones revelaron que los restos de la supernova seguían cubiertos por el polvo que había expulsado y que

---

[6] Los nombres de supernovas siguen una norma muy sencilla: el año seguido de una letra del alfabeto por orden cronológico. La supernova 1987A, por ejemplo, fue la primera supernova descubierta en 1987.

la cantidad de polvo era enorme. De hecho, el volumen de polvo era tan grande que, si la supernova 1987A fuera un ejemplo típico, las supernovas podrían explicar el aparente exceso de polvo presente en el universo.

La estrategia que había elegido el grupo de Fox consistía en observar otras supernovas en el pico de 20 micras que corresponde al polvo frío. Esas supernovas estarían relativamente próximas (entre diez y cien veces la distancia a la Gran Nube de Magallanes), pero fuera del alcance de ALMA y Herschel. ¿Serían los restos de esas supernovas similares a los de la supernova 1987A? Si así fuera, eso apoyaría la idea de que las supernovas habían esparcido por el universo el polvo que estaba en el origen de... de todo, en realidad.

Usando el instrumento de infrarrojo medio del Webb, Fox y sus colaboradores situaron un filtro fotográfico en el punto de 20 micras que corresponde a una posible acumulación de polvo frío y otro en el punto de 5 micras correspondiente a las emisiones más calientes de las estrellas próximas a una supernova. El primero de sus cinco objetivos iniciales fue una supernova en NGC 6946[7], una galaxia a 22 millones de años luz de la Tierra a la que los astrónomos habían dado el nombre de galaxia de los Fuegos Artificiales por su elevado número de supernovas (alrededor de una docena en el siglo pasado).

El grupo de Fox no tenía más que una vaga idea de la posición que podía ocupar su supernova en la galaxia de los Fuegos Artificiales. Sabían que, como todos los astrónomos que usaban el instrumento de infrarrojo medio, no *necesitaban* convertir las ristras de ceros y unos en una fotografía. Podían crear un algoritmo que buscara los píxeles significativos en los datos binarios.

Pero Fox y Shahbandeh sabían también que la supernova podía simplemente *aparecer* en una imagen. Saltaría a la vista al primer vistazo. Por todas partes habría estrellas azules, porque el azul era el color que habían asignado al filtro en la parte baja del espectro, donde las ondas de luz son más cortas y, por tanto, tienen más energía y están más calientes.

---

[7] NGC es la abreviatura en inglés de *Nuevo catálogo general de nebulosas y cúmulos de estrellas*, que fue publicado en 1888 por la Royal Astronomical Society e incluye 7840 objetos.

Y en algún lugar entre todas esas estrellas azules estaría el residuo rojo de la supernova, puesto que habían asignado el color rojo al filtro en la parte alta del espectro, donde las ondas de luz son más largas y, por tanto, tienen menos energía y están más frías.

Por eso Fox y Shahbandeh habían encargado imágenes tan pronto como el Webb empezó a enviar los primeros datos de las observaciones de NGC 6946, antes incluso de convocar la primera reunión sobre la supernova 2004et[8] en el anexo del Instituto de Ciencias del Telescopio Espacial en la Rotonda.

En ese momento del proceso, las imágenes eran todavía en blanco y negro y mostraban únicamente el nivel de brillo de los píxeles extraídos por los técnicos del Webb a partir de los ceros y unos de partida. La primera imagen que vieron Fox y Shahbandeh correspondía al filtro de 5 micras. En ella se apreciaban muchos puntos de luz: estrellas y más estrellas, que era lo que esperaban ver cuando decidieron hacer observaciones a 5 micras.

A continuación examinaron una imagen del filtro de 20 micras. Todos los puntos de luz habían desaparecido, excepto uno.

Ese punto de luz no solo no había desaparecido, sino que era más intenso.

Fox dio un brinco. Pidió a Shahbandeh que cambiara la escala de la imagen, optimizara el contenido y alterara el contraste. *No* sabía lo que estaba haciendo, pero pronto comprendió que sería mejor mantener la calma y confiar en la experta.

Por fin, Shahbandeh ejecutó el programa que daba color a las imágenes filtradas y las combinó en una imagen compuesta.

---

[8] Después del descubrimiento de 1987A (que inauguró una nueva era en el estudio de las supernovas), la búsqueda de supernovas empezó a ser tan eficaz que los astrónomos se vieron obligados a cambiar la nomenclatura. Una vez agotadas las letras de la A a la Z para indicar por orden cronológicc las detecciones realizadas durante un año, volvieron al principio pero empleando esta vez letras minúsculas (a en lugar de A) y añadiendo luego otra letra (aa, ab, etc. hasta ax, ay, az). Cuando tampoco eso fue suficiente, cambiaron la inicial por la siguiente letra (ba, bb, bc, ..., ca, cb, cc, etc.). Así, 2004et indica la supernova número 150 descubierta en 2004.

Cuando la pantalla del ordenador mostró la imagen, ella y Fox se quedaron atónitos. Tenían ante sus ojos un montón de puntos azules. Todos eran azules, menos uno. Era un punto rojo, frío. Era polvo.

Era la supernova 2004et.

Había *aparecido*, después de todo.

La idea de que las supernovas esparcen polvo por el universo no era nueva, pero el estudio de su contribución al polvo interestelar era relativamente reciente. Y gracias al Webb, ese estudio estaba entrando en una nueva era. Pero los científicos sabían desde hacía décadas que las partículas de polvo de las supernovas son el motor que impulsa la evolución, tanto la del cosmos como la de los seres humanos[9].

---

[9] *Evolución* es una palabra que la NASA ha evitado conscientemente al menos desde el primer lustro del siglo XXI para no enfadar a los creacionistas. Por eso los cuatro objetivos oficiales del Webb definen este campo de estudio como «formación de galaxias», pese a que los astrónomos se refieren a él como «evolución galáctica».

Apareció. Ori Fox y Melissa Shahbandeh podían haber usado algoritmos digitales para extraer los datos que necesitaban sin recurrir a imágenes, pero querían ver con sus propios ojos el contraste entre la supernova 2004et y las otras estrellas en su galaxia. (Esta imagen preliminar fue la que les dejó atónitos. El artículo que publicaron incluyó otra versión con más resolución).

Las galaxias y las estrellas que hay en ellas comienzan sus vidas en el medio interestelar. Ese medio está lleno de gas molecular y polvo que se unen para formar nubes, y es la unión de esas nubes la que crea las condiciones para el nacimiento de una estrella. La estrella brilla y quema su combustible. Puede albergar planetas e incluso proporcionarles los nutrientes necesarios para la vida. Llega un momento en que la estrella muere. Si no es demasiado masiva, como el Sol, va decayendo lentamente. Pero si tiene la masa suficiente, se convierte en una supernova y expulsa sus contenidos al medio interestelar.

Y el ciclo vuelve a empezar: medio interestelar; nubes de gas molecular; colisiones de nubes; nacimiento de estrellas; muerte de estrellas, algunas de ellas como supernovas que siembran el medio interestelar.

Y así una y otra vez, a lo largo de millones y miles de millones de años. Y el universo se vuelve un poco más complejo con cada repetición del ciclo, como saben los físicos desde mediados de los años 50.

Cuatro físicos del Laboratorio de Radiación Kellogg en Caltech trabajaron durante dieciocho meses en una sala sin ventanas, garabateando febrilmente en una pizarra para tratar de averiguar el origen de los elementos. Cuando una estrella se convierte en supernova y devuelve sus contenidos al universo del que vinieron, ¿es posible que esa explosión termonuclear aporte algo nuevo? ¿Y si la cadena de reacciones que hacen que la estrella explote rompiera también los bloques de que está hecha la materia y los volviera a comprimir para crear nuevos elementos más pesados? ¿Se han creado los elementos de la tabla periódica a partir de sucesivas generaciones de supernovas?

Los cuatro físicos llegaron a la conclusión de que así era.

El resultado de su investigación fue un artículo de 104 páginas que se publicó en 1957 en la revista *Reviews of Modern Physics* con el título «Síntesis de los elementos en estrellas». Los cuatro autores[10] habían hecho por el origen de los elementos lo mismo que Darwin por el origen de las especies casi un siglo antes, y querían que el mundo lo supiese. Parafraseando las últimas palabras de *El origen de las especies* de Darwin («se han desarrollado

---

[10] E. Margaret Burbidge, G. R. Burbidge, William A. Fowler y F. Hoyle (o B2FH, como los científicos llaman al cuarteto todavía hoy).

y se están desarrollando, a partir de un principio tan sencillo, infinidad de formas las más bellas y portentosas»), escribieron: «Los elementos se han desarrollado y se están desarrollando». O, como diría Joni Mitchell en su canción «Woodstock» una década más tarde, «somos polvo de estrellas».

Tan pronto como el Webb pasó a modo científico en julio de 2022, un grupo internacional de más de un centenar de científicos (PHANGS, siglas en inglés de «física a alta resolución angular en galaxias cercanas») empezó a observar galaxias espirales. Las galaxias de este tipo (como la Vía Láctea) tienen forma de molinete, que es justo lo que son. También giran, aunque para nosotros lo hacen tan despacio que no podemos apreciar la rotación a simple vista[11]. En la escala de tiempo de la galaxia, sin embargo, la velocidad de rotación es lo bastante alta para que el gas, el polvo y las estrellas se acumulen en los característicos brazos de la espiral. Cada galaxia en el programa de observación de PHANGS contenía cientos de miles de millones de estrellas, pero los brazos seguían siendo difíciles de estudiar debido a la omnipresencia de polvo y gas interestelar.

En los años anteriores al lanzamiento del Webb, los científicos de PHANGS habían observado diecinueve galaxias espirales a longitudes de onda ópticas, de radio y ultravioletas usando el Hubble y otros telescopios en la Tierra. Pero para penetrar en los brazos de la espiral necesitaban el infrarrojo. Y para eso estaba el Webb.

Uno de los objetivos de PHANGS al investigar los brazos espirales era identificar sus *componentes*. Usaron el instrumento de infrarrojo medio del Webb para estudiar galaxias a 7,7 y 11,3 micras y la cámara de infrarrojo cercano para estudiar galaxias a 3,3 micras, longitudes de onda que corresponden a moléculas e hidrocarburos de gran importancia en la formación de estrellas y planetas. El Webb los detectó a la primera.

Un segundo objetivo de PHANGS era investigar los brazos espirales para revelar sus *estructuras*. Los astrónomos no solo encontraron enormes burbujas de gas y cavidades de polvo, sino que también observaron cómo interactúan esas burbujas y cavidades.

---

[11] Pese a ello, los astrónomos pueden determinar la velocidad de rotación midiendo el corrimiento al rojo en los «brazos» de un disco cuando se aleja de nosotros y el corrimiento al azul cuando gira hacia nosotros.

En tercer lugar, PHANGS quería investigar los brazos espirales para empezar a perfilar con detalle el *proceso evolutivo*: la velocidad y duración de la formación de estrellas y la manera en que el nacimiento de una generación de estrellas puede facilitar (o impedir, si es lo bastante violenta) la formación de la siguiente generación.

Pero el objetivo fundamental de PHANGS no era solo dar un empujoncito a la carrera de sus miembros, sino aportar nuevos conocimientos a toda la comunidad científica. El mejor legado de PHANGS fue un auténtico «cofre del tesoro» lleno de una enorme cantidad de datos a los que puede acceder todo el mundo para usarlos en futuras observaciones y ajustar modelos teóricos[12]. El grupo estudió solo cuatro de las diecinueve galaxias previstas durante los seis primeros meses de operación del Webb, pero la cantidad y calidad de los datos obtenidos fue más que suficiente para que los resultados preliminares llenaran todo un número de la revista *Astrophysical Journal Letters*, con un total de veintiún artículos.

El Webb no podía ver en todo el infrarrojo, lo que le impedía penetrar en las nubes más densas de polvo y gas. El 16 de julio de 2022, por ejemplo, apenas cinco días después de pasar al modo científico, la cámara de infrarrojo cercano del Webb observó los restos de la supernova 1987A y no logró captar una imagen de la estrella de neutrones que, según las leyes de la física, debería haber dejado tras de sí esa supernova. Lo que sí pudo hacer, sin embargo, fue detectar azufre y argón fluorescentes que, como dijo uno de los investigadores, eran una «prueba irrefutable» de la presencia de una estrella de neutrones.

Lo creemos.

---

[12] El Webb es una herramienta excelente para adquirir datos que pueden resultar útiles en futuras investigaciones. Cuando un grupo dirigido por Svea Hernández, astrónoma de la Agencia Espacial Europea y AURA en el Instituto de Ciencias del Telescopio Espacial y una de las principales expertas en evolución galáctica, envió un estudio de una galaxia espiral para su publicación en una revista, el evaluador le dijo que sería suficiente con que presentara los datos. Bromeaba, claro, pero solo a medias.

Los rebeldes retiraron por fin todas sus objeciones. Habían pasado tres meses desde la descarga de datos y el entusiasmo inicial ya estaba olvidado, al menos para Fox, pero las revisiones que él y Shahbandeh habían hecho de los datos y los modelos acabaron por convencer a sus dos colegas. Ambos estaban dispuestos a incluir sus nombres entre los firmantes del artículo.

El 25 de enero de 2023, el grupo presentó el artículo a la revista *Monthly Notices of the Royal Astronomical Society*, con Shahbandeh como primera autora. Para entonces ya disponían de datos sobre otra supernova en la galaxia de los Fuegos Artificiales, 2017eaw. Habían determinado la cantidad de polvo presente en los restos de las dos supernovas en la actualidad y la habían comparado con la cantidad de polvo procedente de 1987A cuando tenía la misma edad que ellas. Las dos nuevas supernovas no presentaban el mismo nivel de polvo que 1987A, pero la diferencia era pequeña; lo bastante pequeña para que el artículo pudiera afirmar que los resultados de la investigación apoyaban la hipótesis de que las supernovas podían explicar la enorme cantidad de polvo que hay en el universo.

Como ya había ocurrido con los estudios de agua en el sistema solar y en nuestra galaxia, también los estudios de polvo en galaxias situadas a miles de millones de años luz habían resultado ser una mirada a nuestros orígenes, tanto en sentido metafórico como literal.

Pero al Webb le quedaba todavía otro horizonte por cruzar antes de alcanzar su destino final: la época en que estrellas, supernovas y galaxias comenzaron a brillar y se crearon los elementos que un día formarían la materia de la que estamos hechos.

6

Horizonte final: en el principio

Por algún sitio tenía que haber una señal. Rebecca Larson estaba convencida de ello.

Tan convencida como lo había estado durante la reunión de aquella misma tarde con sus colegas en la recepción del hotel en Seattle. Tan convencida como se había mostrado con su supervisor, Dan Coe, durante la fiesta de bienvenida en el congreso de la Sociedad Astronómica Estadounidense y durante la cena, cada vez que le preguntaba en voz baja si de verdad le parecía ver una señal entre todo aquel ruido. Su respuesta había sido siempre la misma.

Estoy segura.

Al terminar la velada, cada uno se había ido a su habitación; los demás a dormir (probablemente), pero ella a trabajar. Abrió el portátil y se puso a la tarea. Tenía que revisar los datos, verificar el modelo y hasta comprobar el programa que procesaba los ceros y unos enviados por el telescopio antes de que los datos llegaran a los científicos. Incluso debía tener en cuenta la posibilidad de que el Webb oscilara ligeramente durante las observaciones.

El Webb era una novedad y los astrónomos todavía se estaban adaptando a sus peculiaridades. Larson había aprendido espectroscopía durante sus estudios de posgrado, mientras trabajaba en uno de los telescopios Keck en Hawái. Había llegado a conocer a fondo *aquel* telescopio. Pero el Webb era otra cosa. Tenía que aprender sobre la marcha, como todo el mundo.

Sentada ante el portátil en su habitación del hotel, fue haciéndose las preguntas de costumbre. ¿Hasta dónde llegaba el desplazamiento del espectro en el infrarrojo, ese corrimiento al rojo que indicaría la edad del objeto observado? ¿Se veían líneas de emisión que revelaran su composición química? ¿Podía relacionar algún pico de emisión, por débil que fuera, con una longitud de onda concreta que le permitiera alinear los demás picos con sus posiciones habituales en el espectro electromagnético?

¿Encajaba todo eso con la idea del universo primigenio?

Sí.

El reloj marcaba casi las tres de la mañana cuando Larson envió a Coe una primera versión de las señales que había conseguido extraer del ruido. El gráfico no resultaba muy bonito y tampoco la satisfacía del todo, pero sería suficiente por el momento. Tenía todo lo que su grupo de investigación necesitaba.

El objeto observado era tan viejo como esperaban. Sus líneas de emisión indicaban la presencia de los elementos que debía tener una galaxia en un momento tan temprano en la historia del universo. Esas líneas de emisión eran las señales más lejanas (y más antiguas, por tanto) de elementos en el cosmos.

Y, por si fuera poco, nadie podría acusarles de romper la cosmología.

EL WEBB ROMPE LA COSMOLOGÍA.

EL TELESCOPIO ESPACIAL JAMES WEBB ROMPE EL UNIVERSO.

¡EL JAMES WEBB ROMPE LA COSMOLOGÍA EN SOLO DOS MESES!

Los titulares a finales de 2022 y principios de 2023 eran poco menos que apocalípticos. *Poco menos* porque lo que anunciaban no era el fin del universo, sino el fin de nuestra forma de entender el universo. Por otra parte, el universo tal como lo entendemos es el único universo que conocemos, así que tal vez los titulares fueran bastante apocalípticos, después de todo.

Esa forma de entender el universo tenía menos de un siglo de vida. Como dijo en una ocasión un cosmólogo durante una conferencia en el Instituto de Ciencias del Telescopio Espacial, «un pobre soldado muerto en las trincheras en 1914 sabía tanto del universo como un hombre de las cavernas». El cosmólogo exageraba, sin duda. Un hombre de las cavernas habría ignorado cosas que quizá conociera el pobre soldado; por ejemplo, que algunas de esas «estrellas» que se mueven por la noche en el cielo son planetas parecidos a la Tierra, o que nuestro planeta da vueltas alrededor de esa enorme cosa brillante que se ve durante el día, y no al revés. Pero tampoco le faltaba razón. Nuestra forma de entender el universo ha avanzado más en los últimos cien años que en toda la historia anterior de la civilización. Su propio campo, la cosmología, ni siquiera existía como ciencia a mediados de los años 50, cuando él nació.

La versión moderna de la cosmología no empezó a tomar forma hasta que Edwin Hubble y Georges Lemaître, a finales de la década de 1920, demostraron que el universo se estaba expandiendo. Ese descubrimiento contribuyó a resolver un misterio que había atormentado a los astrónomos al menos desde 1687, cuando Isaac Newton introdujo una ley de la gravitación universal en su obra *Philosophiae Naturalis Principia Mathematica*: ¿por qué no ha colapsado el universo, si la gravedad hace que la materia que contiene atraiga al resto de materia que hay en el universo? Cuando un clérigo le interrogó seis años más tarde, Newton reconoció que pensar en un universo lleno de materia en perfecto equilibrio era como «hacer que se paren, exactamente equilibradas sobre sus afiladas puntas, no una sola aguja, sino un infinito número de ellas (tantas como partículas hay en un espacio infinito)». «No obstante, concedo que eso es posible», añadió inmediatamente, «al menos para un poder divino».

«Fue una gran oportunidad perdida para la física teórica», escribió Stephen Hawking en 1999 en la introducción a una nueva traducción de los *Principia*. «Newton podría haber predicho la expansión del universo».

También Einstein podría haberlo hecho. Cuando en 1917 aplicó sus ecuaciones de la relatividad general al universo en su conjunto, se enfrentó al mismo problema que Newton. Sus ideas sobre la gravitación eran diferentes, pero el universo de Einstein seguía estando lleno de materia que afectaba al resto de materia presente en el universo y, sin embargo, tampoco había colapsado. A diferencia de Newton, Einstein añadió algo a la ecuación: no un poder divino, sino la letra griega lambda (Λ), un símbolo matemático arbitrario que representaba lo que mantenía al universo en perfecto equilibrio (fuera lo que fuese).

El universo en expansión de Hubble y Lemaître hizo que tanto la intervención divina de Newton como la lambda de Einstein resultaran irrelevantes (aunque sin negar su posible existencia). Pero también planteó inmediatamente una pregunta obvia: ¿en expansión a partir de qué?

Invertir una expansión hacia fuera nos lleva inevitablemente hasta un punto de partida, algo así como un nacimiento. Algunos científicos, empezando por Lemaître, hablaron de una especie de «explosión» (o, por decirlo de una forma menos dramática pero más precisa, una expansión) del espacio y el tiempo, un fenómeno que más tarde sería llamado (de manera despectiva, al principio) «Big Bang». La idea resultaba difícil de creer y, ante la falta de pruebas empíricas, la mayor parte de los astrónomos se limitaron a ignorarla durante décadas. Pero la situación dio un vuelco tras la publicación de dos artículos en el número de julio de 1965 de la revista *Astrophysical Journal*.

En el primero de ellos, cuatro físicos teóricos de la Universidad de Princeton calculaban la temperatura de la hipotética «bola de fuego» primigenia y, a continuación, seguían la evolución de esa temperatura en el tiempo mientras el universo se expandía y se enfriaba, hasta llegar a una predicción de la temperatura actual. En el segundo artículo, dos radioastrónomos de los Bell Labs presentaban una medida fortuita de esa misma temperatura (no estaban tratando de medirla y ni siquiera sabían que lo habían hecho hasta que se lo explicó el cuarteto de Princeton) como una huella de microondas presente en todas partes, una reliquia del universo primigenio que encajaba con la predicción más atrevida de la teoría del Big Bang.

La coincidencia entre predicción y observación en el segundo de estos artículos no era definitiva, pero sí lo bastante convincente para que la mayor parte de los astrónomos pensara que era posible verificar la idea, aparentemente absurda, de un universo en expansión desde un punto de... lo que fuera. Así fue como la cosmología pasó de la metafísica a la física, de las charlas de café a la ciencia real. A lo largo de las décadas siguientes, los científicos mejoraron, ajustaron y ampliaron el modelo del Big Bang (poniéndolo a prueba, verificándolo y haciendo que las predicciones encajaran con las observaciones) hasta que, en los primeros años del nuevo siglo, surgió lo que se conoce como el modelo cosmológico estándar.

Ese modelo apareció en vida de todas las personas que trabajaban en el Webb en el momento de su lanzamiento. Era el único modelo conocido. Menos de un año después, los titulares anunciaban que el Webb había roto ese modelo.

La tarde después de que Rebecca Larson enviara a Coe su informe nocturno, tres miembros del grupo debían dar sendas presentaciones orales de diez minutos una después de otra. La segunda de ellas hablaba sobre la galaxia que Larson había estado estudiando, aunque la charla no incluiría los datos que había obtenido la noche anterior... salvo que hubiera un buen motivo para mencionarlos, aunque fuera de pasada.

El mismo día por la mañana, enviaron el gráfico de Larson al miembro del grupo en Copenhague que había analizado los datos sin encontrar en ellos nada más que ruido. Su respuesta fue que, efectivamente, los resultados de Larson parecían sólidos. Así que se pusieron manos a la obra. Tenían que preparar una diapositiva de PowerPoint y decidir dónde colocarla dentro de la presentación. Tiger Yu-Yang Hsiao, el estudiante de posgrado de la Universidad Johns Hopkins que iba a dar la charla, tendría que pensar lo que iba a decir y cuánto tiempo le dedicaría. Otros dos miembros del grupo, incluido Coe, debían preparar también sus propias presentaciones.

En algún momento en medio de todo ese frenesí, Coe trató de tranquilizar al grupo: *tenemos que relajarnos*. Les recomendó que vieran ese momento en el contexto general de sus carreras como científicos. Al fin y al cabo, estaban ante una de esas situaciones que solo se dan una vez en la vida, dos como mucho.

Para Coe, al menos, sí que era la segunda vez. La primera la había vivido en la tarde de un sábado diez años atrás, cuando era estudiante de doctorado en Johns Hopkins y estaba trabajando en su apartamento, a solo diez minutos del campus. Se había sentado ante un escritorio improvisado (una superficie plana sobre unas cajas de cartón) y estudiaba los datos que el Hubble había obtenido sobre una lejana galaxia. Su grupo había decidido observar esa galaxia porque el telescopio espacial Spitzer indicaba que tenía un fuerte corrimiento al rojo. Si medían el nivel de corrimiento al rojo, sabrían cómo había afectado la expansión del espacio a la luz de la galaxia y eso les permitiría calcular su edad[1].

Según los cálculos de Coe, el corrimiento al rojo era de 10.

Coe empezó a darle vueltas. Un corrimiento al rojo de 10 era donde había situado el límite superior para su investigación. Había supuesto que no podía ser mayor, pero eso no era más que una hipótesis. ¿Por qué no eliminar esa restricción? Después de todo, el Hubble quería llegar a 11[2].

---

[1] La fórmula para calcular la distancia recorrida por la luz a partir del corrimiento al rojo es complicada. Baste decir que un corrimiento al rojo de 0,25 corresponde a una distancia de 3000 millones de años luz, un corrimiento de 1 equivale a 7700 millones de años luz y un corrimiento de 10 nos lleva hasta 13 200 millones de años luz (o apenas 600 millones de años después del Big Bang).

[2] Hay cosas que merecen más que un 10.

Coe no tardó en confirmar que el corrimiento al rojo de la galaxia era superior a 10. De hecho se acercaba a 11, aunque no del todo (siempre hay un cierto grado de incertidumbre). Eso quería decir que la luz había salido de la galaxia cuando el universo tenía 400 o 500 millones de años. Y eso quería decir...

Eso quería decir que, si los datos eran correctos, Coe acababa de descubrir el objeto más lejano jamás visto.

Cuando Coe informó a su supervisor, recibió las recomendaciones de costumbre: tenían que ser cautelosos, revisar los datos y verificar el modelo. Y eso hicieron Coe y el resto del grupo, hasta estar seguros de que podían publicar el resultado. Al final, su galaxia mantuvo el récord de corrimiento al rojo durante algo más de tres años, antes de cederlo a otra con un corrimiento de 10,957. Para entonces, Coe trabajaba en el Instituto de Ciencias del Telescopio Espacial y estaba esperando el lanzamiento del Webb con toda su avanzada tecnología. Cuando aceptó el puesto en el Instituto, ya tenía muy claro que quería volver a estudiar aquella galaxia. Ahora lo había hecho y el resultado era el segundo momento especial en su vida[3], el primero para los miembros de su grupo y una sorpresa tras otra para todos. La galaxia había resultado ser un auténtico regalo.

El nombre de la galaxia que Coe descubrió en 2012 y que había vuelto a observar en 2022, MACS0647-JD, no podía pasar desapercibido a los astrónomos. Quizá no por las letras «JD», que son una abreviatura de *J-band Dropout*, un término técnico que describe la alineación de filtros del telescopio Hubble durante la observación inicial, pero sí por «MACS0647». Esa parte del nombre identifica un cúmulo de galaxias en una parte del universo relativamente cercana (desde nuestro punto de vista), lo que indica que el descubrimiento tuvo que hacerse empleando lo que los cosmólogos llaman lentes gravitatorias.

---

[3] O tal vez el tercero. En marzo de 2022 formó parte de un grupo que descubrió la *estrella* más lejana, a la que bautizaron Earendel y que tenía un corrimiento al rojo de 6,2 (o 12 900 millones de años luz). Una semana antes del congreso de la Sociedad Astronómica Estadounidense en el que ahora participaba el grupo de Coe, el príncipe Harry de Inglaterra publicó su libro autobiográfico *En la sombra*, que contenía una referencia a esa estrella:

«A miles de millones de kilómetros de distancia y probablemente extinguida hace ya mucho tiempo, la luz de Earendel está más cerca del Big Bang, el momento de la Creación, que nuestra Vía Láctea, y aun así, de alguna manera, sigue resultando visible para los ojos de los mortales en virtud de su extraordinaria y deslumbrante luminosidad.

Eso era mi madre».

La esposa de Coe se limitó a decir: «Ahora sí que la has hecho buena».

Según la teoría de la relatividad general de Einstein, la presencia de cualquier objeto con masa produce una curvatura en la confluencia de las cuatro dimensiones del universo, el espacio-tiempo. Cuanto más grande sea la masa, mayor será la curvatura. Si una galaxia situada en primer plano tiene la masa suficiente, desviará la luz procedente de un objeto que (para nosotros) esté detrás de ella y la curvará de manera que podamos ver el objeto. También puede intensificar la fuente de luz e incluso generar varias imágenes de ella. En el caso de MACS0647-JD, la galaxia en primer plano tenía un corrimiento al rojo de 0,591, correspondiente a una distancia de más de 5000 millones de años luz, y creó tres imágenes de la galaxia en segundo plano.

La primera sorpresa para el grupo de Coe llegó en septiembre de 2022, apenas dos meses después de que el telescopio empezara a obtener datos. La elevada resolución del Webb permitió ver que MACS0647-JD tenía *dos* componentes. Cabía la posibilidad de que MACS0647-JD fuera una galaxia individual y que esos componentes fueran dos complejos estelares dentro de ella. Pero también podía ser que en MACS0647-JD hubiera en realidad dos galaxias, en cuyo caso esas dos galaxias se estarían fusionando. Si así fuera, MACS0647-JD sería la fusión galáctica más antigua conocida, solo 460 millones de años después del Big Bang. Pero es que además podía no ser la única fusión descubierta por el grupo: por allí «cerca» parecía haber otra galaxia que probablemente también acabaría fusionándose con MACS0647-JD.

Todos estos resultados se describían en la charla de Tiger Hsiao, que finalmente consiguió incluir también la diapositiva de Larson.

Un poco decepcionante. Así fue como describiría Dan Coe la respuesta a la diapositiva de Larson. O la falta de respuesta, más bien. No hubo murmullos y nadie se refirió a ella durante el breve turno de preguntas. Había acudido bastante público, aunque es verdad que la charla era solo una de las veintiséis previstas para ese día en el congreso. Tal vez la gente había visto las líneas de emisión de elementos que todo el mundo esperaba encontrar allí (el imprescindible hidrógeno, además de carbono, oxígeno y neón) y, al no observar nada que fuera contra el modelo cosmológico estándar, no le había dado más vueltas. Además, les faltaba el contexto necesario para comprender la importancia de la diapositiva. Ningún comunicado de prensa les había avisado de que se habían detectado las líneas de emisión más lejanas jamás vistas.

Así que Coe decidió ocuparse de las relaciones públicas personalmente. Pasó el resto del congreso hablando con otros cosmólogos y mostrándoles el gráfico de Larson en su teléfono (para espanto de la propia Larson, que seguía sin estar satisfecha con su trabajo). *Mirad*, les decía. *Son las líneas de emisión más lejanas jamás vistas en el espectro de una galaxia.*

Esta vez Coe obtuvo la respuesta que esperaba: *¡increíble!*

El récord no duró mucho tiempo. Era de esperar y Coe lo sabía. Lo que no esperaba era lo que se encontró en las líneas de emisión de la galaxia GNz-11: nitrógeno.

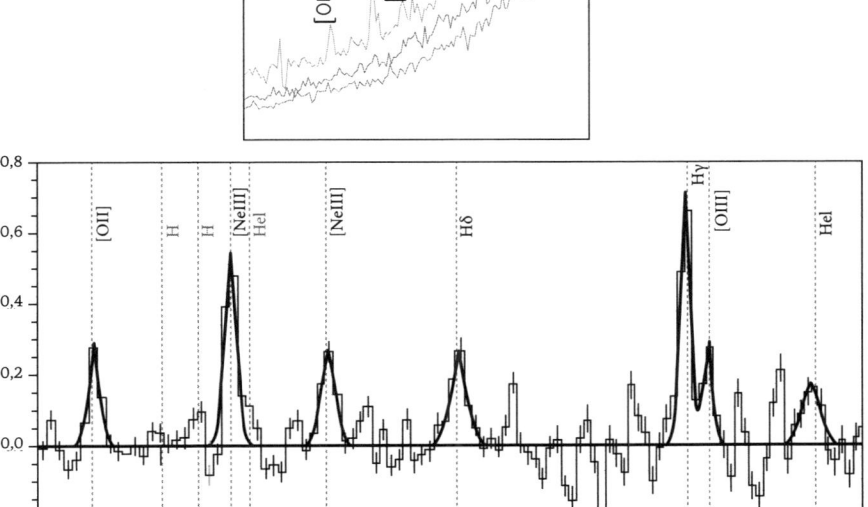

Antes y después. [Arriba] Elementos detectados por Rebecca Larson en una galaxia unos 460 millones de años después del Big Bang. El espectro incluye luz estelar de una galaxia lejana, así como polvo zodiacal del sistema solar. [Abajo] La versión definitiva publicada por el estudiante de posgrado Tiger Hsiao y el investigador posdoctoral Abdurro'uf, del grupo de Dan Coe, después de eliminar la luz estelar y el polvo zodiacal para que las señales de elementos se pudieran analizar con más facilidad. En ambos casos, las etiquetas indican los elementos y componentes que corresponden a diferentes picos en el espectro electromagnético: OII y OIII son oxígeno ionizado, NeIII es neón ionizado, He es helio, H es hidrógeno, etc.

Cuando Coe recibió la noticia, pensó en la sarcástica reacción del físico Isidor Isaac Rabi cuando en 1936 se enteró del descubrimiento del muon, una partícula con las mismas propiedades que el electrón pero con una masa 207 veces mayor: «¿Quién ha pedido eso?»

Hidrógeno. Hidrógeno por todas partes.

Y concretamente en forma de protones individuales, el mínimo exigido para que una entidad cuántica sea un elemento. También existían electrones entonces, justo después del Big Bang, y esos electrones estarían unidos a los protones si no fuera porque había fotones que los dispersaban. Por eso los átomos de hidrógeno estaban ionizados, lo que significa que tenían carga eléctrica debido a que había más protones positivos (uno, en el caso del hidrógeno) que electrones negativos (ninguno). Cuando el universo tenía unos 379 000 años, sin embargo, la expansión del espacio hizo que los fotones perdieran energía y ya no tuvieran la suficiente para dispersar los electrones. Fue entonces cuando los electrones empezaron a unirse a los protones, cancelando así el desequilibrio inicial. Libres de obstáculos, los fotones pudieron moverse libremente en el espacio y en el tiempo. Y continúan haciéndolo, llevando consigo la huella de ese momento: la radiación de fondo de microondas que los astrónomos de los Bell Labs detectaron en los años 60.

El universo entró entonces en lo que los astrónomos denominan fase «oscura» (en realidad estaba repleto de fotones, pero no tenían nada que iluminar). Y se mantuvo en la oscuridad hasta que, 100 o 200 millones de años después del Big Bang, el hidrógeno neutro empezó a combinarse para crear las primeras estrellas y galaxias, un proceso que a su vez provocó la reionización del hidrógeno. De ahí procede el nombre oficial del cuarto y último objetivo del Webb: «El final de la Edad Oscura: primera luz y reionización».

Cuando se produjo el lanzamiento del Webb el 25 de diciembre de 2021, el universo estaba dividido en cinco partes: la Tierra; el sistema solar; las estrellas y los exoplanetas de nuestra galaxia; los cientos de miles de millones de galaxias más allá de la Vía Láctea; y, como dijo Alan Dressler en 1995, nuestros orígenes , es decir, la reconfiguración de los componentes cuánticos de átomos de hidrógeno que provocó las primeras supernovas, lo que a su vez dio comienzo al ciclo de creación de elementos cada vez más pesados. En otras palabras: el objetivo del Webb era poner a prueba nuestras ideas más básicas sobre el universo.

Y lo cierto es que muchas de las observaciones del universo primigenio que hizo el Webb mostraron lo que los cosmólogos esperaban: por ejemplo, un conjunto de galaxias primitivas que, según las simulaciones por ordenador, evolucionarían hasta formar una estructura sorprendentemente parecida al actual cúmulo de Coma, que contiene al menos un millar de galaxias. Son estos resultados los que nos ayudan a conocer mejor la evolución galáctica.

Pero nadie esperaba que hubiera nitrógeno en una galaxia apenas 440 millones de años después del Big Bang (y, por tanto, solo 100, 200 o 300 millones de años después de las primeras supernovas). No era algo que los modelos de evolución galáctica pudieran explicar.

Por otra parte, una *gran parte* de lo que el Webb estaba descubriendo en el universo primigenio resultaba cuanto menos sorprendente. Ya desde el principio (con las primeras observaciones del Webb en el verano de 2022), los científicos detectaron galaxias que eran más grandes, más brillantes o más jóvenes de lo que preveía el modelo. También encontraron agujeros negros demasiado masivos y un número de supernovas mayor de lo esperado. Por lo tanto, no era tan disparatado preguntarse si el Webb había roto el universo.

Pero lo que se preguntó la inmensa mayoría de los cosmólogos fue: *¿qué es lo que está mal?*

El Webb suponía un avance tecnológico indudable y proporcionaba datos de una calidad hasta entonces desconocida para los científicos. Y esos datos tenían coherencia interna. El único problema era que no encajaban en los modelos existentes de evolución galáctica en el universo primigenio. Como Ori Fox había escuchado una y otra vez a los miembros de su grupo que no se creían los datos sobre el polvo expulsado por una supernova, la calidad de los modelos tiene que estar a la altura de la calidad de los datos. Así que los teóricos ajustaron sus modelos y consiguieron explicar algunas de las anomalías.

Eso no significa que se hubiera roto nada. Eso es ciencia, ni más ni menos.

A veces, las aparentes anomalías detectadas por el Webb desaparecían al repetir las observaciones, tal como exige el método científico. Por ejemplo, varias estimaciones iniciales de la edad de galaxias maduras con corrimientos al rojo extremadamente intensos (que corresponderían a fases de desarrollo demasiado tempranas) se venían abajo al hacer nuevos análisis espectroscópicos.

En ocasiones se encontraba otra forma de explicar las anomalías. La galaxias superbrillantes, por ejemplo, no tenían «demasiadas» estrellas, sino un agujero negro supermasivo en su centro.

De vez en cuando, como en el caso de esos agujeros negros supermasivos, las anomalías se podían explicar con una teoría ya existente. Unos años antes, Priyamvada Natarajan, astrofísica de Yale y miembro de la Iniciativa de Agujeros Negros de Harvard, había propuesto un mecanismo basado en aglomeraciones de gas que no solo explicaba la formación de agujeros negros masivos en los primeros tiempos del universo, sino también su presencia en galaxias actuales. Sus predicciones, sin embargo, no se pudieron demostrar hasta la llegada del Webb, el único telescopio con la potencia necesaria para ello[4].

Y algunas anomalías llevaron a la aparición de nuevas teorías. La detección de un exceso de nitrógeno en GN-z11 fue una de ellas. Una posible explicación se basaba en emanaciones de una estrella entre 50 000 y 100 000 veces más masiva que el Sol. Sin embargo, los astrónomos descubrieron en 2024 que un modelo teórico con dos «estallidos» de rápida formación de estrellas separados por unos 100 millones de años podía explicar las observaciones. A su vez, ese resultado apoyó la teoría de que la formación de estrellas «a ráfagas» explica la abundancia de galaxias brillantes en una fase temprana de desarrollo del universo.

Aun así, los cosmólogos tenían que *considerar* la posibilidad de que se hubiera roto el modelo cosmológico estándar. Según el método científico, considerar la posibilidad de que algo está mal es lo mejor que se puede hacer cuando las predicciones no coinciden con las observaciones. Y en el caso del modelo cosmológico estándar no solo era lo mejor, sino también algo inevitable. Después de todo, el propio modelo estándar era resultado

---

[4] La confirmación de las predicciones de Natarajan hizo que la revista *Time* la incluyera en su lista de las cien personas más influyentes de 2024.

de un conjunto de descubrimientos que pusieron en duda lo que se pensaba en aquel momento; una serie de casos en los que las predicciones no coincidían con las observaciones.

En los años 60, los astrónomos descubrieron que la velocidad de rotación de los discos de las galaxias espirales era más alta de lo que decía la teoría. Los bordes exteriores de las galaxias giraban tan rápido como las regiones interiores, lo que parecía violar las leyes de Newton. Era como si, en el sistema solar, el lejano Neptuno orbitara alrededor del Sol a la misma velocidad que Mercurio, que está mucho más cerca. Pero todo cobró sentido cuando los astrónomos propusieron que las galaxias estaban dentro de una esfera de materia que era invisible en todo el espectro electromagnético. Desde entonces, y gracias a avances en la tecnología de telescopios que permiten examinar el universo en su conjunto, los cosmólogos han descubierto que las predicciones basadas en la presencia teórica de esa misteriosa «materia oscura» coinciden con las observaciones de estructuras cósmicas a las escalas más grandes.

En los años 90, dos grupos de observadores elaboraron sus propias versiones del diagrama de Hubble, el gráfico que indica que las galaxias se están separando a una velocidad proporcional a la distancia que hay entre ellas (cuanto más lejos, más rápido). Los miembros de los dos grupos de investigación habían supuesto que, en un universo lleno de materia cuya gravedad atrae al resto de materia, la expansión del espacio se ralentizaría. ¿Pero cuánto? ¿Lo suficiente para que la expansión se detuviera para siempre? ¿O tanto que la expansión acabaría por invertirse en una especie de Big Bang en marcha atrás?

Ambos grupos usaron variables cefeidas como candelas patrón, lo mismo que Hubble, pero también ampliaron la «escalera de distancias» en el universo añadiendo un tipo concreto de supernovas a la categoría de candelas patrón. Dado que el diagrama original de Hubble mostraba una relación lineal entre velocidad y distancia, los dos grupos supusieron que esa línea debía apartarse en algún momento de los 45 grados de inclinación, desviándose hacia abajo para indicar que los objetos más lejanos eran más brillantes y, por tanto, estaban más cerca de lo que cabría esperar.

En la primera semana de 1998 ya tenían pruebas de que la línea efectivamente se apartaba de la inclinación de 45 grados, pero una vez más las predicciones no coincidían con las observaciones: en lugar de curvarse hacia abajo, la línea se curvaba hacia arriba. Eso quería decir que las supernovas eran *más tenues* de lo que los observadores pensaban y, por tanto, que la expansión no se frenaba, sino que estaba *acelerándose*.

Eso era tan contrario a la intuición como pensar que la Tierra no es plana o no ocupa el centro del universo. A pesar de todo, la comunidad científica no dudó en aceptarlo. Solo así encajaba todo en el universo.

A finales de los años 70 y principios de los 80, los teóricos llegaron a la conclusión de que, según la mecánica cuántica, el universo debía haber pasado por una fase de «inflación» que empezó 10^{-36} (es decir, un cero y una coma decimal seguidos de 35 ceros y un 1) segundos después del Big Bang y terminó cuando habían transcurrido alrededor de 10^{-33} segundos desde el Big Bang. En ese tiempo, el tamaño del universo se multiplicó por 10^{26}. La inflación debía haber «alisado» el espacio de manera que el universo tuviera más o menos el mismo aspecto en todas las direcciones, que es como lo vemos nosotros. En términos científicos, el universo debería ser plano. Y un universo plano implica que la relación entre su densidad de masa-energía y la densidad necesaria para que no colapse deber ser 1.

Antes de 1998, las observaciones apuntaban a que la composición del universo estaba lejos de su densidad crítica (alrededor de un tercio). Pero si añadimos la materia oscura que no se ve, todas las cosas que se ven (los protones y neutrones que forman el universo observable en todo el espectro electromagnético) y añadimos un nuevo componente de «energía oscura», la densidad de masa-energía es exactamente igual a la densidad necesaria para que el universo no colapse.

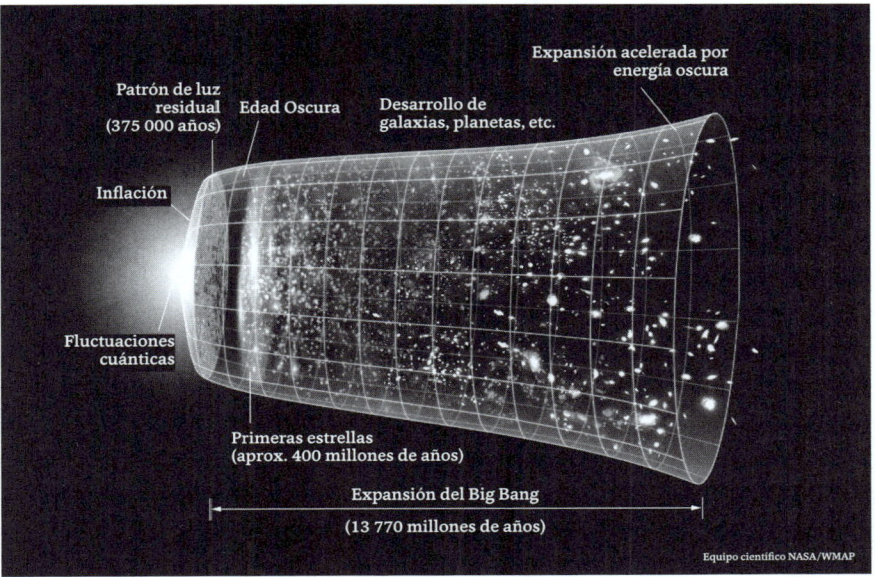

Expansión acelerada por energía oscura

Patrón de luz residual (375 000 años)

Edad Oscura

Desarrollo de galaxias, planetas, etc.

Inflación

Fluctuaciones cuánticas

Primeras estrellas (aprox. 400 millones de años)

Expansión del Big Bang (13 770 millones de años)

Equipo científico NASA/WMAP

El modelo estándar. Los cosmólogos no conciben la evolución del universo como una expansión *en* el espacio, sino como una expansión *del* espacio, que es además lo que definen como *tiempo*. Según la interpretación actual de esa evolución, el universo surgió de una fluctuación cuántica. Esa fluctuación indujo un estado de «inflación» que, en la primera fracción de una fracción de segundo en la vida del universo, hizo que el tamaño de este se multiplicara por 10^{26}. Unos 379 000 años más tarde, el universo se había enfriado lo suficiente para que la materia y la radiación se separaran, dejando en el universo una huella indeleble: la radiación de fondo de microondas. El universo pasó entonces a lo que los astrónomos denominan «Edad Oscura». El objetivo último del Webb es observar lo que apareció a continuación, es decir, los primeros objetos que brillaron en el universo: estrellas y galaxias con luz. Más tarde se dejaron sentir los efectos gravitatorios de la materia oscura y los efectos «antigravitatorios» de la energía oscura, que afectaron a la expansión del universo tanto a nivel cósmico (su estructura general) como a nivel particular (nosotros).

La lambda de Einstein había vuelto y, con ella, el modelo cosmológico estándar estaba completo.

Pero quedaban muchas preguntas por responder.

¿Qué es la materia oscura?

¿Qué es la energía oscura?

¿Hasta qué punto se está acelerando la expansión del universo debido a la energía oscura? Los cosmólogos coinciden en la velocidad con la que la expansión del universo se está acelerando *en el tiempo*, pero no en la velocidad con la que se está expandiendo *ahora*. Existen dos métodos de medida que dan dos respuestas diferentes, cada una de ellas fuera del margen de error de la otra. El Webb intenta resolver esta «crisis», como la llaman algunos cosmólogos, ampliando la escalera de distancias, pero los primeros resultados no lo han conseguido.

¿Y de verdad encaja todo en el universo? Bastaría cambiar alguno de los valores (las contribuciones de la materia oscura, la energía oscura y la materia convencional a la densidad de masa-energía del universo) para que las propiedades cuánticas existentes en el momento del Big Bang no evolucionaran hasta un universo compatible con la existencia de amebas o galaxias, por no hablar de formas de vida como la nuestra. Dependiendo de esos valores, el universo podría volver a colapsar al instante o expandirse de manera exponencial.

Pero son esos valores, por muy sospechosa que pueda resultar su precisión, los que han convencido a los cosmólogos de que el modelo estándar es correcto. Las pruebas que confirman el modelo están literalmente por todas partes.

Una forma de calcular la composición del universo consiste en estudiar la radiación de fondo de microondas, esa reliquia de cuando el universo tenía solo 379 000 años. Esa imagen se puede comparar con simulaciones de millones de universos, cada uno de ellos con su propia proporción de materia convencional, materia oscura y energía oscura. Los resultados son muy diferentes para cada universo hipotético, desde el que tiene cero materia convencional u oscura y un 100 % de energía oscura hasta el que contiene un 100 % de materia convencional y nada de materia oscura o energía oscura, pasando por todas las combinaciones intermedias.

La sonda Wilkinson de anisotropía de microondas (WMAP), lanzada en 2001, proporcionó datos sobre la radiación de fondo de microondas entre 2003 y 2012. El observatorio espacial Planck era aún más preciso y empezó a obtener datos sobre la radiación de fondo de microondas en 2009. Sus resultados definitivos, publicados en 2018, confirmaron las conclusiones de la sonda Wilkinson: el universo está formado en un 4,9 % por la materia de la que estamos hechos, en un 26,6 % por materia oscura y en un 68,5 % por energía oscura.

Congreso tras congreso, los cosmólogos nunca han dejado de reiterar su confianza en el modelo estándar. Los *modelos* incluidos en ese modelo, sin embargo, podrían necesitar algunos ajustes.

Cabe la posibilidad de que alguna hipótesis básica (como la relación entre el brillo de una galaxia cercana y su masa) sea incorrecta. Cuando representó las distancias de nebulosas en función de la velocidad para crear su diagrama, Edwin Hubble cometió el error de suponer que existía una relación directa entre las luminosidades de los universos islas y sus distancias. Pese a ello, la correspondencia entre luminosidad y distancia resultó ser *suficiente*. Pero es posible que la hipótesis actual sobre la correlación entre masa galáctica y brillo en el universo primigenio *no* sea suficiente.

Por otra parte, tal vez las condiciones iniciales no fueran las que suponen los teóricos. Y una de esas condiciones es el polvo, la variable fundamental para interpretar todas las observaciones de galaxias. ¿Qué pasaría si las supernovas expulsaran más polvo de lo predicho por la teoría? Esa discrepancia podría hacer que se formaran estructuras galácticas antes de lo que se creía posible.

Lo mismo podría ocurrir si la distribución de materia oscura en el universo primigenio fuera diferente. Diversas observaciones del Webb indican que la evolución galáctica a partir de los primeros 1000 millones de años después del Big Bang coincide con las simulaciones por ordenador que utilizan los porcentajes aceptados de materia oscura. Pero durante las primeras fases de la evolución, incluso una pequeña diferencia en la distribución de materia oscura podría tener un enorme efecto gravitatorio y provocar el colapso de gas y polvo para formar estrellas, supernovas, galaxias y agujeros negros.

O tal vez la influencia de la energía oscura varíe con el tiempo. Es una posibilidad razonable, teniendo en cuenta que los cosmólogos no saben a ciencia cierta qué es la energía oscura (y mucho menos cómo funciona).

¿Y si el censo de partículas en el universo estuviera equivocado? La mayor parte de los científicos que utilizan el Webb tienen la edad suficiente para recordar otra célebre discrepancia entre observación y teoría: el «problema de los neutrinos solares». Este debate, que se prolongó durante décadas, estaba relacionado con la abundancia de una partícula elemental emitida por el Sol: el neutrino. Los teóricos predecían una cantidad, pero los detectores indicaban otra muy distinta. Algunos creyeron que había errores sistemáticos en las observaciones, mientras que otros pensaban que a la teoría le faltaba algo. Al final, los teóricos modificaron el modelo estándar de la física de partículas de modo que los neutrinos pudieran tener masa. Una modificación semejante (por ejemplo, un nuevo tipo de neutrino en el universo primigenio) podría alterar la distribución de masa y energía lo suficiente para explicar las detecciones aparentemente anómalas del Webb.

O tal vez sea cierto lo que se viene diciendo desde hace cerca de un siglo: necesitamos una nueva física. Apenas una década después de que Einstein propusiera su teoría de la relatividad general en 1915, tuvo que hacer frente al reto que planteaba la mecánica cuántica: el universo de los objetos muy grandes (donde domina la relatividad general) resultó ser matemáticamente incompatible con el universo de lo muy pequeño (donde rigen las leyes de la mecánica cuántica).

¿Y si fuera cierto que el Webb ha roto el modelo cosmológico estándar? ¿Qué tendría eso de malo? A cualquier astrónomo le gustaría asistir a la creación de un nuevo modelo. Sería como vivir en la época de Galileo, de William Herschel o de Edwin Hubble.

Pero aunque no se haya roto ningún modelo, los astrónomos actuales saben que son muy afortunados.

Tienen la suerte de vivir en la época del Webb.

Epílogo

En 1972 fue lo que se convertiría en el telescopio Hubble, lanzado finalmente en 1990.

En 1982 fue lo que se convertiría en el observatorio Chandra, lanzado finalmente en 1999.

En 1991 fue lo que se convertiría en el telescopio Spitzer, lanzado finalmente en 2003.

En 2001 fue lo que se convertiría en el telescopio Webb, lanzado finalmente en 2021.

En 2010 fue lo que se convertiría en el telescopio Roman, que se lanzará (si todo va bien) en 2027.

Y el 4 de noviembre de 2021 fue lo que de momento se conoce como el Observatorio de Mundos Habitables, que no se lanzará (tal vez) hasta la década de 2040.

El escenario era una vez más el auditorio del Instituto de Ciencias del Telescopio Espacial, donde se celebraba el simposio de primavera de 2023 dedicado a «Sistemas planetarios y los orígenes de la vida en la era del telescopio espacial James Webb». El orador era el director de la división de astrofísica de la NASA, Mark Clampin, que explicaba por qué había decidido empezar su charla mostrando las portadas de las encuestas decenales de astronomía y astrofísica. Quería hacer hincapié en algo importante.

Ciertamente, los resultados científicos del Webb eran excepcionales, sobre todo en el campo de los exoplanetas al que estaba dedicado el simposio. Clampin mostró el espectro de WASP39-b, el primer perfil químico y molecular de la atmósfera de un exoplaneta. Era uno de esos gráficos que dejan sin aliento, con picos y valles a longitudes de onda entre 0,5 y 5,5 micras que demostraban la presencia de agua, sodio, monóxido de carbono, dióxido de carbono y dióxido de sulfuro.

A continuación mostró la fotografía de un sistema protoplanetario con rótulos que indicaban sus componentes: halo, anillo exterior, hueco exterior, cinturón intermedio, hueco interior y disco interior. Entonces se dirigió a un científico que estaba entre el público y que, unos años antes, había creado un modelo de lo que los astrónomos esperaban detectar en un disco protoplanetario: «Todavía me sorprende lo mucho que se parece tu modelo a lo que vemos aquí». La coincidencia entre predicción y observación hablaba muy bien tanto del teórico como del instrumento.

No cabía duda de que el Webb era un completo éxito, dijo. Pero, añadió Clampin, había que empezar a pensar ya en el Observatorio de Mundos Habitables, aunque todavía faltaban al menos dos décadas para su lanzamiento.

«Será un camino largo y difícil», advirtió. «Partimos de cero, como hicimos con el Webb». Pero insistió en que *ya* estaban en ello. Aquí y ahora.

Esta misma tarde. En este mismo auditorio.

«Y sois vosotros», dijo, «la próxima generación de científicos exoplanetarios, quienes lo haréis realidad».

En cuanto a la generación actual de astrónomos (la generación del Webb, que poco a poco se va convirtiendo en la generación anterior), muchos de sus miembros acudieron cuatro meses después a la conferencia sobre el primer año del Webb. Entre ellos estaba Mike Menzel. A la hora de comer se encontró en la terraza de la cafetería con Rogier Windhorst, un viejo amigo al que hacía años que no veía. Windhorst investigaba el universo primigenio en la Universidad Estatal de Arizona y, como Heidi Hammel, era uno de los miembros originales del grupo interdisciplinar del Webb. Él y Menzel habían estado ahí desde el principio, o al menos desde la encuesta decenal de 2001.

Windhorst se refería a Menzel como «el Leonardo del Webb», el ingeniero que había acumulado los márgenes necesarios para que el telescopio estuviera operativo durante más tiempo del que nadie se hubiera atrevido a imaginar. Más allá incluso de los veinte años que los responsables del Webb presentaban ante el público como un éxito. Puede que veintitrés años. Tal vez (*no lo digamos muy alto*) alguno más.

Windhorst no podía evitar preguntarse si estarían allí para verlo, teniendo en cuenta que tanto él como Menzel pasaban de los sesenta. Entonces tuvo una idea: deberían ofrecer a Menzel un puesto en el equipo del Observatorio de Mundos Habitables. ¿No le gustaría ser también parte de la siguiente generación?

Windhorst se fue y su pregunta quedó flotando en el aire otoñal. Los árboles que cubrían la terraza de la cafetería y el terraplén que descendía hasta el Stony Run empezaban a perder sus hojas. Menzel estaba acabando de comer cuando volvió a aparecer Windhorst.

¿Quieres ver una cosa?, preguntó a Menzel.

Claro.

Menzel siguió a Windhorst a través de la cafetería. Dejaron atrás la entrada del auditorio y cruzaron la recepción del Instituto para llegar a una sala de conferencias. Por el camino se les unió Marc Postman, el mismo que en 2011 había recomendado cautela a Dan Coe cuando aseguró haber descubierto la galaxia más lejana jamás vista hasta entonces. Sobre la mesa de reuniones había fotografías del Webb impresas a tamaño póster. Una de ellas era el campo profundo del Webb, la imagen que la esposa de Menzel había confundido con el campo profundo del Hubble. Probablemente no hubiera cometido ese error de haber visto la imagen ampliada.

En ese momento llegaron dos habituales del Instituto, un investigador posdoctoral y un publicista. Muy pronto, en aquella pequeña sala situada dos plantas más abajo de donde Riccardo Giacconi había pedido a Garth Illingworth que empezara a pensar *ya* en un sucesor para el Hubble, una planta más arriba del centro de control del Hubble (todavía activo, aunque costara creerlo) y una planta por debajo del centro de operaciones de la misión del Webb, todos se pusieron a contemplar la imagen del campo profundo, señalando los característicos arcos de luz que indicaban que las galaxias en primer plano actuaban como lentes gravitatorias que dejaban ver las galaxias más jóvenes en el universo.

Menzel soltó un taco.

El Observatorio de Mundos Habitables le parecía estupendo. Y, por supuesto, comprendía que había que buscar exoplanetas y estudiar la posibilidad de que hubiera vida en ellos. Era un científico, al fin y al cabo.

Pero...

Fue entonces cuando Mike Menzel expresó un deseo que era el anhelo de toda la humanidad; el tipo de deseo que Dan Goldin había tratado de sofocar con su «más rápido, más eficaz, más barato»: ojalá el Observatorio de Mundos Habitables haga algo más que observar mundos habitables.

Quería que el telescopio espacial de la próxima generación se acercara más a los orígenes del universo.

Quería más espacio.

Quería más tiempo.

Quería más respuestas.

El Observatorio de Mundos Habitables estaba concebido para dar respuesta a preguntas sobre exoplanetas. Lo que Menzel quería era que también respondiera preguntas sobre el universo primigenio. Y si otros astrónomos podían hacer valer su opinión durante los años siguientes, lo más probable era que ofreciera respuesta a preguntas que nadie había hecho todavía. La historia demostraba que seguramente encontraría esas respuestas. Evidentemente, las respuestas habían cambiado a lo largo de la historia, generación tras generación y siglo tras siglo. La primera respuesta fue que había más satélites orbitando en torno a nuestros planetas vecinos. Más tarde, que había más planetas girando alrededor del Sol. Luego, que había más estrellas en nuestra galaxia. Y por fin, que había más galaxias en el universo y que llegaban tan lejos como podíamos ver.

La pregunta, sin embargo, no había cambiado.

Siempre había sido la misma.

La pregunta era: *¿qué hay más allá?*

Apéndice

El número de junio de 2023 de la revista *Publications of the Astronomical Society of the Pacific* contenía un artículo firmado por cientos de veteranos del Webb que pretendían preservar todo lo conseguido por ellos y otros científicos a lo largo de varias décadas. El artículo empezaba diciendo: «Se resume aquí la historia, el concepto, el programa científico y la técnica del telescopio espacial James Webb». La que sigue es una lista de los autores y los centros donde trabajaban.

Misión del telescopio espacial James Webb

Jonathan P. Gardner[1], John C. Mather[1], Randy Abbott[87, 2], James S. Abell[1], Mark Abernathy[3], Faith E. Abney[3], John G. Abraham[1], Roberto Abraham[4, 5], Yasin M. Abul-Huda[3], Scott Acton[2], Cynthia K. Adams[1], Evan Adams[3], David S. Adler[3], Maarten Adriaensen[6], Jonathan Albert Aguilar[3], Mansoor Ahmed[87, 1], Nasif S. Ahmed[3], Tanjira Ahmed[1], Rüdeger Albat[6], Loïc Albert[7], Stacey Alberts[8], David Aldridge[9], Mary Marsha Allen[3], Shaune S. Allen[1], Martin Altenburg[10], Serhat Altunc[1], José Lorenzo Álvarez[11], Javier Álvarez-Márquez[12], Catarina Alves de Oliveira[13], Leslie L. Ambrose[1], Satya M. Anandakrishnan[14], Gregory C. Andersen[1], Harry James Anderson[3], Jay Anderson[3], Kristen Anderson[14], Sara M. Anderson[3], Julio Aprea[6], Benita J. Archer[1], Jonathan W. Arenberg[14], Ioannis Argyriou[15], Santiago Arribas[12], Étienne Artigau[7], Amanda Rose Arvai[3], Paul Atcheson[87, 2], Charles B. Atkinson[14], Jesse Averbukh[3], Cagatay Aymergen[1], John J. Bacinski[3], Wayne E. Baggett[3], Giorgio Bagnasco[11], Lynn L. Baker[1], Vicki Ann Balzano[3], Kimberly A. Banks[1], David A. Baran[1], Elizabeth A. Barker[3], Larry K. Barrett[1], Bruce O. Barringer[3], Allison Barto[2], William Bast[3], Pierre Baudoz[16], Stefi Baum[17], Thomas G. Beatty[18], Mathilde Beaulieu[19], Kathryn Bechtold[3], Tracy Beck[3], Megan M. Beddard[3], Charles Beichman[20], Larry Bellagama[14], Pierre Bely[87, 3], Timothy W. Berger[14], Louis E. Bergeron[3], Antoine-Darveau Bernier[7], Maria D. Bertch[3], Charlotte Beskow[6], Laura E. Betz[1], Carl P. Biagetti[3], Stephan Birkmann[21], Kurt F. Bjorklund[14], James D. Blackwood[1], Ronald Paul Blazek[3], Stephen Blossfeld[14], Marcel Bluth[22], Anthony Boccaletti[16], Martin E. Boegner Jr[3], Ralph C. Bohlin[3], John Joseph Boia[3], Torsten Böker[21], N. Bonaventura[23], Nicholas A. Bond[1, 24], Kari Ann Bosley[3], Rene A. Boucarut[1], Patrice Bouchet[25], Jeroen Bouwman[26], Gary Bower[3], Ariel S. Bowers[3], Charles W. Bowers[1], Leslye A. Boyce[1], Christine T. Boyer[3], Martha L. Boyer[3], Michael Boyer[3], Robert Boyer[3], Larry D. Bradley[3], Gregory R. Brady[3], Bernhard R. Brandl[27], Judith L. Brannen[1], David Breda[28], Harold G. Bremmer[87, 1], David Brennan[3], Pamela A. Bresnahan[3], Stacey N. Bright[3], Brian J. Broiles[1], Asa Bromenschenkel[3], Brian H. Brooks[3], Keira J. Brooks[3], Bob Brown[87, 2], Bruce Brown[14], Thomas M. Brown[3], Barry W. Bruce[87, 1], Jonathan G. Bryson[1], Edwin D. Bujanda[14], Blake M. Bullock[14], A. J. Bunker[29], Rafael Bureo[11], Irving J. Burt[1], James Aaron Bush[3], Howard A. Bushouse[3], Marie C. Bussman[1], Olivier Cabaud[6], Steven Cale[1], Charles D. Calhoon[1], Humberto

Calvani[3], Alicia M. Canipe[3], Francis M. Caputo[3], Mihai Cara[3], Larkin Carey[2], Michael Eli Case[3], Thaddeus Cesari[1], Lee D. Cetorelli[87, 1], Don R. Chance[3], Lynn Chandler[1], Dave Chaney[2], George N. Chapman[3], S. Charlot[30], Pierre Chayer[3], Jeffrey I. Cheezum[14], Bin Chen[3], Christine H. Chen[3], Brian Cherinka[3], Sarah C. Chichester[3], Zachary S. Chilton[3], Dharini Chittiraibalan[3], Mark Clampin[31], Charles R. Clark[1], Kerry W. Clark[3], Stephanie M. Clark[1], Edward E. Claybrooks[1], Keith A. Cleveland[1], Andrew L. Cohen[14], Lester M. Cohen[32], Knicole D. Colón[1], Benee L. Coleman[3], Luis Colina[12], Brian J. Comber[1], Thomas M. Comeau[3], Thomas Comer[3], Alain Conde Reis[6], Dennis C. Connolly[1], Kyle E. Conroy[3], Adam R. Contos[2, 33], James Contreras[2], Neil J. Cook[7], James L. Cooper[1], Rachel Aviva Cooper[3], Michael F. Correia[1], Matteo Correnti[3], Christophe Cossou[34], Brian F. Costanza[14], Alain Coulais[35], Colin R. Cox[3], Ray T. Coyle[14], Misty M. Cracraft[3], Keith A. Crew[3], Gary J. Curtis[3], Bianca Cusveller[11], Cleyciane Da Costa Maciel[36], Christopher T. Dailey[1], Frédéric Daugeron[6], Greg S. Davidson[14], James E. Davies[3], Katherine Anne Davis[3], Michael S. Davis[1], Ratna Day[1], Daniel de Chambure[6, 36], Pauline de Jong[36, 11], Guido De Marchi[11], Bruce H. Dean[1], John E. Decker[87, 1], Amy S. Delisa[1], Lawrence C. Dell[1], Gail Dellagatta[87, 1], Franziska Dembinska[6], Sandor Demosthenes[2], Nadezhda M. Dencheva[3], Philippe Deneu[37], William W. DePriest[3], Jeremy Deschenes[3], Nathalie Dethienne[37], Örs Hunor Detre[26], Rosa Izela Díaz[3], Daniel Dicken[38], Audrey S. DiFelice[3], Matthew Dillman[3], Maureen O. Disharoon[1], William V. Dixon[3], Jesse B. Doggett[3], Keisha L. Domínguez[1], Thomas S. Donaldson[3], Cristina M. Doria-Warner[1], Tony Dos Santos[36], Heather Doty[2], Robert E. Douglas, Jr[3], René Doyon[7], Alan Dressler[39], Jennifer Driggers[1], Phillip A. Driggers[1], Jamie L. Dunn[1], Kimberly C. DuPrie[3], Jean Dupuis[40], John Durning[87, 1], Sanghamitra B. Dutta[31], Nicholas M. Earl[3], Paul Eccleston[41], Pascal Ecobichon[37], Eiichi Egami[8], Ralf Ehrenwinkler[10], Jonathan D. Eisenhamer[3], Michael Eisenhower[32], Daniel J. Eisenstein[32], Zaky El Hamel[11], Michelle L. Elie[3], James Elliott[3], Kyle Wesley Elliott[3], Michael Engesser[3], Néstor Espinoza[3], Odessa Etienne[3], Mireya Etxaluze[41], Leah Evans[3], Luce Fabreguettes[6], Massimo Falcolini[11], Patrick R. Falini[3], Curtis Fatig[87, 1], Matthew Feeney[3], Lee D. Feinberg[1], Raymond Fels[11], Nazma Ferdous[3], Henry C. Ferguson[3], Laura Ferrarese[42], Marie-Héléne Ferreira[36], Pierre Ferruit[11, 13], Malcolm Ferry[43], Joseph Charles Filippazzo[3], Daniel Firre[44], Mees Fix[3], Nicolas Flagey[3], Kathryn A. Flanagan[3], Scott W. Fleming[3], Michael Florian[8], James R. Flynn[14], Luca Foiadelli[44], Mark R. Fontaine[87, 1], Erin Marie Fontanella[3], Peter Randolph Forshay[3], Elizabeth A. Fortner[87, 1], Ori D. Fox[3], Alexandro P. Framarini[3], John I. Francisco[14], Randy Franck[2], Marijn Franx[27], David E. Franz[1], Scott D. Friedman[3], Katheryn E. Friend[14], James R. Frost[1], Henry Fu[14], Alexander W. Fullerton[3], Lionel Gaillard[11], Sergey Galkin[3], Ben Gallagher[2, 45], Anthony D. Galyer[1], Macarena García Marín[21], Lisa E. Gardner[3], Dennis Garland[3], Bruce Albert Garrett[3], Danny Gasman[15], András Gáspár[8], René Gastaud[25], Daniel Gaudreau[40], Peter Timothy Gauthier[3], Vincent Geers[38], Paul H. Geithner[1], Mario Gennaro[3], John Gerber[87, 2], John C. Gereau[14], Robert Giampaoli[14], Giovanna Giardino[21], Paul C. Gibbons[1], Karoline Gilbert[3], Larry Gilman[14], Julien H. Girard[3], Mark E. Giuliano[3], Konstantinos Gkountis[6], Alistair Glasse[38], Kirk Zachary Glassmire[3], Adrian Michael Glauser[46], Stuart D. Glazer[1], Joshua Goldberg[3], David A. Golimowski[3], Shireen P. Gonzaga[3], Karl D. Gordon[3], Shawn J. Gordon[14], Paul Goudfrooij[3], Michael J. Gough[3], Adrian J. Graham[11], Christopher M. Grau[1], Joel David Green[3], Gretchen R. Greene[3], Thomas P. Greene[47], Perry E. Greenfield[3], Matthew A. Greenhouse[1], Thomas R. Greve[48], Edgar M. Greville[1],

Stefano Grimaldi[2], Frank E. Groe[14], Andrew Groebner[3], David M. Grumm[3], Timothy Grundy[41], Manuel Güdel[49], Pierre Guillard[30], John Guldalian[14], Christopher A. Gunn[1], Anthony Gurule[2], Irvin Meyer Gutman[3], Paul D. Guy[88, 1], Benjamin Guyot[6], Warren J. Hack[3], Peter Haderlein[28], James B. Hagan[3], Andria Hagedorn[14], Kevin Hainline[8], Craig Haley[9], Maryam Hami[3], Forrest Clifford Hamilton[3], Jeffrey Hammann[14], Heidi B. Hammel[50], Christopher J. Hanley[3], Carl August Hansen[3], Bruce Hardy[87, 2], Bernd Harnisch[87, 11], Michael Hunter Harr[3], Pamela Harris[1], Jessica Ann Hart[3], George F. Hartig[3], Hashima Hasan[31], Kathleen Marie Hashim[3], Ryan Hashimoto[14], Sujee J. Haskins[1], Robert Edward Hawkins[88, 3], Brian Hayden[3], William L. Hayden[87, 1], Mike Healy[11], Karen Hecht[3], Vince J. Heeg[14], Reem Hejal[14], Kristopher A. Helm[14], Nicholas J. Hengemihle[1], Thomas Henning[26], Alaina Henry[3], Ronald L. Henry[3], Katherine Henshaw[3], Scarlin Hernández[3], Donald C. Herrington[3], Astrid Heske[11], Brigette Emily Hesman[3], David L. Hickey[3], Bryan N. Hilbert[3], Dean C. Hines[3], Michael R. Hinz[14], Michael Hirsch[14], Robert S. Hitcho[3], Klaus Hodapp[51], Philip E. Hodge[3], Melissa Hoffman[3], Sherie T. Holfeltz[3], Bryan Jason Holler[3], Jennifer Rose Hoppa[3], Scott Horner[47], Joseph M. Howard[1], Richard J. Howard[87, 31], Jean M. Huber[1], Joseph S. Hunkeler[3], Alexander Hunter[3], David Gavin Hunter[3], Spencer W. Hurd[1], Brendan J. Hurst[3], John B. Hutchings[42], Jason E. Hylan[1], Luminita Ilinca Ignat[40], Garth Illingworth[52], Sandra M. Irish[1], John C. Isaacs III[3], Wallace C. Jackson Jr[14], Daniel T. Jaffe[53], Jasmin Jahic[14], Amir Jahromi[1], Peter Jakobsen[23], Bryan James[1], John C. James[1], LeAndrea Rae James[3], William Brian Jamieson[3], Raymond D. Jandra[14], Ray Jayawardhana[54], Robert Jedrzejewski[3], Basil S. Jeffers[1], Peter Jensen[11], Egges Joanne[87, 2], Alan T. Johns[1], Carl A. Johnson[3], Eric L. Johnson[1], Patricia Johnson[87, 1], Phillip Stephen Johnson[3], Thomas K. Johnson[1], Timothy W. Johnson[3], Doug Johnstone[42, 55], Delphine Jollet[11], Danny P. Jones[3], Gregory S. Jones[14], Olivia C. Jones[38], Ronald A. Jones[1], Vicki Jones[3], Ian J. Jordan[3], Margaret E. Jordan[3], Reginald Jue[14], Mark H. Jurkowski[1], Grant Justis[3], Kay Justtanont[56], Catherine C. Kaleida[3], Jason S. Kalirai[57], Phillip Cabrales Kalmanson[3], Lisa Kaltenegger[54], Jens Kammerer[3], Samuel K. Kan[14], Graham Childs Kanarek[3], Shaw-Hong Kao[3], Diane M. Karakla[3], Hermann Karl[10], Susan A. Kassin[3, 58], David D. Kauffman[3], Patrick Kavanagh[59], Leigh L. Kelley[1], Douglas M. Kelly[8], Sarah Kendrew[21], Herbert V. Kennedy[3], Deborah A. Kenny[3], Ritva A. Keski-Kuha[1], Charles D. Keyes[3], Ali Khan[11], Richard C. Kidwell[3], Randy A. Kimble[1], James S. King[87, 1], Richard C. King[1], Wayne M. Kinzel[3], Jeffrey R. Kirk[1], Marc E. Kirkpatrick[14], Pamela Klaassen[38], Lana Klingemann[2], Paul U. Klintworth[14], Bryan Adam Knapp[3], Scott Knight[2], Perry J. Knollenberg[14], Daniel Mark Knutsen[3], Robert Koehler[3], Anton M. Koekemoer[3], Earl T. Kofler[14], Vicki L. Kontson[1], Aiden Rose Kovacs[3], Vera Kozhurina-Platais[3], Oliver Krause[26], Gerard A. Kriss[3], John Krist[28], Monica R. Kristoffersen[14], Claudia Krogel[1], Anthony P. Krueger[3], Bernard A. Kulp[3], Nimisha Kumari[21], Sandy W. Kwan[28], Mark Kyprianou[3], Aurora Gadiano Labador[3], Álvaro Labiano[60], David Lafrenière[7], Pierre-Olivier Lagage[34], Victoria G. Laidler[3], Benoit Laine[11], Simon Laird[11], Charles-Philippe Lajoie[3], Matthew D. Lallo[3], May Yen Lam[3], Stephanie Marie LaMassa[3], Scott D. Lambros[1], Richard Joseph Lampenfield[3], Matthew Ed Lander[1], James Hutton Langston[3], Kirsten Larson[21], Melora Larson[28], Robert Joseph LaVerghetta[3], David R. Law[3], Jon F. Lawrence[1], David W. Lee[14], Janice Lee[3, 8, 61], Yat-Ning Paul Lee[3], Jarron Leisenring[8], Michael Dunlap Leveille[3], Nancy A. Levenson[3], Joshua S. Levi[14], Marie B. Levine[28], Dan Lewis[43], Jake Lewis[2, 62], Nikole Lewis[54], Mattia Libralato[21], Norbert Lidon[37], Paula Louisa Liebrecht[3], Paul Lightsey[87, 2],

Simon Lilly[46], Frederick C. Lim[1], Pey Lian Lim[3], Sai-Kwong Ling[14], Lisa J. Link[1], Miranda Nicole Link[3], Jamie L. Lipinski[3], XiaoLi Liu[3], Amy S. Lo[14], Lynette Lobmeyer[2], Ryan M. Logue[3], Chris A. Long[3], Douglas R. Long[3], Ilana D. Long[3], Knox S. Long[3], Marcos López-Caniego[63], Jennifer M. Lotz[3], Jennifer M. Love-Pruitt[14], Michael Lubskiy[3], Edward B. Luers[87, 1], Robert A. Luetgens[14], Annetta J. Luevano[14], Sarah Marie G. Flores Lui[3], James M. Lund III[14], Ray A. Lundquist[31], Jonathan Lunine[54], Nora Lützgendorf[21], Richard J. Lynch[1, 64], Alex J. MacDonald[3], Kenneth MacDonald[3], Matthew J. Macias[14], Keith I. Macklis[14], Peiman Maghami[1], Rishabh Y. Maharaja[1], Roberto Maiolino[65, 66], Konstantinos G. Makrygiannis[14], Sunita Giri Malla[3], Eliot M. Malumuth[1], Elena Manjavacas[21], Andrea Marini[11], Amanda Marrione[3], Anthony Marston[13], André R Martel[3], Didier Martin[11], Peter G. Martin[67], Kristin L. Martínez[2], Marc Maschmann[10], Gregory L. Masci[3], Margaret E. Masetti[1,24], Michael Maszkiewicz[40], Gary Matthews[1], Jacob E. Matuskey[3], Glen A. McBrayer[14], Donald W. McCarthy[8], Mark J. McCaughrean[11], Leslie A. McClare[1], Michael D. McClare[1], John C. McCloskey[1], Taylore D. McClurg[14], Martin McCoy[1], Michael W. McElwain[1], Roy D. McGregor[14], Douglas B. McGuffey[1], Andrew G. McKay[14], William K. McKenzie[1], Brian McLean[3], Matthew McMaster[3], Warren McNeil[87, 1], Wim De Meester[15], Kimberly L. Mehalick[1], Margaret Meixner[3], Marcio Meléndez[3], Michael P. Menzel[1], Michael T. Menzel[1], Matthew Merz[3], David D. Mesterharm[1], Michael R. Meyer[68], Michele L. Meyett[3], Luis E. Meza[14], Calvin Midwinter[9], Stefanie N. Milam[1], Jay Todd Miller[3], William C. Miller[1], Cherie L. Miskey[1], Karl Misselt[8], Eileen P. Mitchell[1], Martin Mohan[14], Emily E. Montoya[1], Michael J. Moran[14], Takahiro Morishita[3], Amaya Moro-Martín[3], Debra L. Morrison[3], Jane Morrison[8], Ernie C. Morse[3], Michael Moschos[14], S. H. Moseley[1, 69], Gary E. Mosier[1], Peter Mosner[10], Matt Mountain[50], Jason S. Muckenthaler[14], Donald G. Mueller[3], Migo Mueller[70], Daniella Muhiem[88, 1], Prisca Mühlmann[11], Susan Elizabeth Mullally[3], Stephanie M. Mullen[1], Alan J Munger[14], Jess Murphy[2], Katherine T. Murray[3], James C. Muzerolle[3], Matthew Mycroft[28], Andrew Myers[3], Carey R. Myers[3], Fred Richard R. Myers[14], Richard Myers[14], Kaila Myrick[3], Adrian F. Nagle, IV[2], Omnarayani Nayak[3], Bret Naylor[28], Susan G. Neff[1], Edmund P. Nelan[3], John Nella[14], Duy Tuong Nguyen[3], Michael N. Nguyen[1], Bryony Nickson[3], John Joseph Nidhiry[3], Malcolm B. Niedner[87, 1], María Nieto-Santisteban[3], Nikolay K. Nikolov[3], Mary Ann Nishisaka[14], Alberto Noriega-Crespo[3], Antonella Nota[87,21], Robyn C. O'Mara[1], Michael Oboryshko[3], Marcus B. O'Brien[14], William R. Ochs[87, 1], Joel D. Offenberg[71, 72], Patrick Michael Ogle[3], Raymond G. Ohl[1], Joseph Hamden Olmsted[3], Shannon Barbara Osborne[3], Brian Patrick O'Shaughnessy[3], Göran Östlin[73], Brian O'Sullivan[21], O. Justin Otor[3], Richard Ottens[1], Nathalie N.-Q. Ouellette[7], Daria J. Outlaw[1], Beverly A. Owens[3], Camilla Pacifici[3], James Christophe Page[3], James G. Paranilam[3], Sang Park[32], Keith A. Parrish[1], Laura Paschal[1], Polychronis Patapis[46], Jignasha Patel[1], Keith Patrick[14], Robert A. Pattishall Jr[14], Douglas William Paul[3], Shirley J. Paul[1], Tyler Andrew Pauly[3], Cheryl M. Pavlovsky[3], María Peña-Guerrero[3], Andrew H. Pedder[3], Matthew Weldon Peek[3], Patricia A. Pelham[3], Konstantin Penanen[28], Beth A. Perriello[3], Marshall D. Perrin[3], Richard F. Perrine[3], Chuck Perrygo[87, 1], Muriel Peslier[36], Michael Petach[14], Karla A. Peterson[3], Tom Pfarr[87, 1], James M. Pierson[1], Martin Pietraszkiewicz[14], Guy Pilchen[6], Judy L. Pipher[74], Norbert Pirzkal[21], Joseph T. Pitman[1], Danielle M. Player[3], Rachel Plesha[3], Anja Plitzke[11], John A. Pohner[14], Karyn Konstantin Poletis[3], Joseph A. Pollizzi[3], Ethan Polster[3], James T. Pontius[1], Klaus Pontoppidan[3], Susana C. Porges[14], Gregg D. Potter[14], Stephen Prescott[3], Charles R. Proffitt[3], Laurent Pueyo[3], Irma Aracely

Quispe Neira[3], Armando Radich[87, 1], Reiko T. Rager[3], Julien Rameau[7, 75], Deborah D. Ramey[88, 1], Rafael Ramos Alarcón[3], Riccardo Rampini[11], Robert Rapp[1], Robert A. Rashford[1], Bernard J. Rauscher[1], Swara Ravindranath[3], Timothy Rawle[21], Tynika N. Rawlings[1], Tom Ray[59], Michael W. Regan[3], Brian Rehm[87, 1], Kenneth D. Rehm[76], Neill Reid[3], Carl A. Reis[1], Florian Renk[44], Tom B. Reoch[14], Michael Ressler[28], Armin W. Rest[3], Paul J. Reynolds[14], Joel G. Richon[3], Karen V. Richon[1], Michael Ridgaway[3], Adric Richard Riedel[3], George H. Rieke[8], Marcia J. Rieke[8], Richard E. Rifelli[14], Jane R. Rigby[1], Catherine S. Riggs[3], Nancy J. Ringel[1], Christine E. Ritchie[3], Hans-Walter Rix[26], Massimo Robberto[3, 58], Gregory L. Robinson[87, 31], Michael S. Robinson[3], Orion Robinson[3], Frank W. Rock[3], David R. Rodriguez[3], Bruno Rodríguez del Pino[12], Thomas Roellig[47], Scott O. Rohrbach[1], Anthony J. Roman[3], Frederick J. Romelfanger[3], Felipe P. Romo Jr[1], José J. Rosales[1], Perry Rose[3], Anthony F. Roteliuk[14], Marc N. Roth[14], Braden Quinn Rothwell[3], Sylvain Rouzaud[37], Jason Rowe[77], Neil Rowlands[9], Arpita Roy[3], Pierre Royer[15], Chunlei Rui[14], Peter Rumler[87, 11], William Rumpl[3], Melissa L. Russ[3], Michael B. Ryan[14], Richard M. Ryan[31], Karl Saad[40], Modhumita Sabata[3], Rick Sabatino[1], Elena Sabbi[3], Phillip A. Sabelhaus[88, 1], Stephen Sabia[1], Kailash C. Sahu[3], Babak N. Saif[1,3], Jean-Christophe Salvignol[11], Piyal Samara-Ratna[78], Bridget S. Samuelson[14], Felicia A. Sanders[28], Bradley Sappington[3], B. A. Sargent[3, 58], Arne Sauer[10], Bruce J. Savadkin[87, 1], Marcin Sawicki[79], Tina M. Schappell[1], Caroline Scheffer[11], Silvia Scheithauer[26], Ron Scherer[14], Conrad Schiff[1], Everett Schlawin[8], Olivier Schmeitzky[11], Tyler S. Schmitz[3], Donald J. Schmude[14], Analyn Schneider[28], Jürgen Schreiber[26], Hilde Schroeven-Deceuninck[11], John J. Schultz[3], Ryan Schwab[3], Curtis H. Schwartz[1], Dario Scoccimarro[6], John F. Scott[3], Michelle B. Scott[1], Bonita L. Seaton[1], Bruce S. Seely[3], Bernard Seery[80], Mark Seidleck[87, 1], Kenneth Sembach[3], Clare Elizabeth Shanahan[3], Bryan Shaughnessy[41], Richard A. Shaw[3], Christopher Michael Shay[3], Even Sheehan[1], Kartik Sheth[31], Hsin-Yi Shih[3], Irene Shivaei[8], Noah Siegel[2], Matthew G. Sienkiewicz[3], Debra D. Simmons[14], Bernard P. Simon[3], Marco Sirianni[21], Anand Sivaramakrishnan[3, 58, 81], Jeffrey E. Slade[1], G. C. Sloan[3], Christine E. Slocum[3], Steven E. Slowinski[3], Corbett T. Smith[1], Eric P. Smith[31], Erin C. Smith[1], Koby Smith[2], Robert Smith[82], Stephanie J. Smith[3], John L. Smolik[14], David R. Soderblom[3], Sangmo Tony Sohn[3], Jeff Sokol[2], George Sonneborn[87, 1], Christopher D. Sontag[3], Peter R. Sooy[1], Remi Soummer[3], Dana M. Southwood[14], Kay Spain[3], Joseph Sparmo[1], David T. Speer[1], Richard Spencer[3], Joseph D. Sprofera[14], Scott S. Stallcup[3], Marcia K. Stanley[1], John A. Stansberry[3], Christopher C. Stark[1], Carl W. Starr[1], Diane Y. Stassi[1], Jane A. Steck[1], Christine D. Steeley[1], Matthew A. Stephens[1], Ralph J. Stephenson[14], Alphonso C. Stewart[1], Massimo Stiavelli[3], Hervey Stockman Jr[87, 3], Paolo Strada[11], Amber N. Straughn[1], Scott Streetman[2], David Kendal Strickland[3], Jingping F. Strobele[14], Martin Stuhlinger[13], Jeffrey Edward Stys[3], Miguel Such[11], Kalyani Sukhatme[28], Joseph F. Sullivan[87, 2], Pamela C. Sullivan[1], Sandra M. Sumner[1], Fengwu Sun[8], Benjamin Dale Sunnquist[3], Daryl Allen Swade[3], Michael S. Swam[3], Diane F. Swenton[1], Robby A. Swoish[14], Oi In Tam Litten[3], Laszlo Tamas[38], Andrew Tao[14], David K. Taylor[3], Joanna M. Taylor[3], Maurice te Plate[21], Mason Van Tea[3], Kelly K. Teague[3], Randal C. Telfer[3], Tea Temim[83], Scott C. Texter[14], Deepashri G. Thatte[3], Christopher Lee Thompson[3], Linda M. Thompson[3], Shaun R. Thomson[1], Harley Thronson[87, 1], C. M. Tierney[14], Tuomo Tikkanen[78], Lee Tinnin[8], William Thomas Tippet[3], Connor William Todd[3], Hien D. Tran[3], John Trauger[28], Edwin Gregorio Trejo[3], Justin Hoang Vinh Truong[3], Christine L. Tsukamoto[14], Yasir Tufail[3], Jason Tumlinson[3], Samuel Tustain[41], Harrison

Tyra[3], Leonardo Úbeda[3], Kelli Underwood[3], Michael A. Uzzo[3], Steven Vaclavik[3], Frida Valenduc[36], Jeff A. Valenti[3], Julie Van Campen[1], Inge van de Wetering[11], Roeland P. Van Der Marel[3], Remy van Haarlem[11], Bart Vandenbussche[15], Ewine F. van Dishoeck[27], Dona D. Vanterpool[1], Michael R. Vernoy[14], María Begoña Vila Costas[1, 22], Kevin Volk[3], Piet Voorzaat[11], Mark F. Voyton[1], Ekaterina Vydra[3], Darryl J. Waddy[1], Christoffel Waelkens[15], Glenn Michael Wahlgren[3], Frederick E. Walker Jr[14], Michel Wander[40], Christine K. Warfield[3], Gerald Warner[9], Francis C. Wasiak[1], Matthew F. Wasiak[1], James Wehner[14], Kevin R. Weiler[14], Mark Weilert[28], Stanley B. Weiss[14], Martyn Wells[38], Alan D. Welty[3], Lauren Wheate[1], Thomas P. Wheeler[3], Christy L. White[14], Paul Whitehouse[1], Jennifer Margaret Whiteleather[3], William Russell Whitman[3], Christina C. Williams[84], Christopher N. A. Willmer[8], Chris J. Willott[42], Scott P. Willoughby[14], Andrew Wilson[9], Debra Wilson[8], Donna V. Wilson[1], Rogier Windhorst[85], Emily Christine Wislowski[3], David J. Wolfe[3], Michael A. Wolfe[3], Schuyler Wolff[8], Amancio Wondel[36], Cindy Woo[14], Robert T. Woods[14], Elaine Worden[87, 2], William Workman[3], Gillian S. Wright[38], Carl Wu[1], Chi-Rai Wu[3], Dakin D. Wun[14], Kristen B. Wymer[3], Thomas Yadetie[3], Isabelle C. Yan[1], Keith C. Yang[14], Kayla L. Yates[3], Christopher R. Yeager[3], Ethan John Yerger[3], Erick T. Young[80], Gary Young[14], Gene Yu[14], Susan Yu[3], Dean S. Zak[3], Peter Zeidler[86], Robert Zepp[3], Julia Zhou[9], Christian A. Zincke[1], Stephanie Zonak[3], and Elisabeth Zondag[11]

[1] Centro de Vuelo Espacial Goddard de la NASA, 8800 Greenbelt Road, Greenbelt 20771 (Maryland), EE.UU.; jonathan.p.gardner@nasa.gov

[2] Ball Aerospace & Technologies Corp., 1600 Commerce Street, Boulder 80301 (Colorado), EE.UU.

[3] Instituto de Ciencias del Telescopio Espacial, 3700 San Martin Drive, Baltimore 21218 (Maryland), EE.UU.

[4] Departamento de Astronomía y Astrofísica, Universidad de Toronto, 50 Saint George Street, Toronto M5S 3H4 (Ontario), Canadá

[5] Instituto Dunlap de Astronomía y Astrofísica, Universidad de Toronto, 50 Saint George Street, Toronto M5S 3H4 (Ontario), Canadá

[6] Agencia Espacial Europea, HQ Daumesnil, 52 rue Jacques Hillairet, F-75012 París (Francia)

[7] Instituto de Investigación de Exoplanetas (iREx), Universidad de Montreal, Departamento de Física, C.P. 6128 Succursale Centre-ville, Montreal H3C 3J7 (Quebec), Canadá

[8] Observatorio Steward, Universidad de Arizona, 933 North Cherry Avenue, Tucson 85721 (Arizona), EE.UU.

[9] Honeywell Aerospace #100, 303 Terry Fox Drive, Ottawa K2K 3J1 (Ontario), Canadá

[10] Airbus Defence and Space GmbH, Ottobrunn (Alemania)

[11] Agencia Espacial Europea, Centro Europeo de Investigación y Tecnología, Keplerlaan 1, Postbus 299, 2200 AG Noordwijk (Países Bajos)

[12] Centro de Astrobiología (CAB, CSIC-INTA), Carretera de Ajalvir, E-28850 Torrejón de Ardoz, Madrid (España)

[13] Agencia Espacial Europea, Centro Europeo de Astronomía Espacial, Camino Bajo del Castillo s/n, Urbanización Villafranca del Castillo, E-28692 Villanueva de la Cañada, Madrid (España)

[14] Northrop Grumman, One Space Park, Redondo Beach 90278 (California), EE.UU.

[15] Instituto de Astronomía, Universidad Católica de Lovaina, Celestijnenlaan 200D, Bus-2410, B-3000 Lovaina (Bélgica)

[16] LESIA, Observatorio de París, Universidad PSL, CNRS, Universidad de la Sorbona, Universidad de París, 5 place Jules Janssen, F-92195 Meudon (Francia)

[17] Facultad de Ciencias, 230 Machray Hall, 186 Dysart Road, Universidad de Manitoba, Winnipeg R3T 2N2 (Manitoba), Canadá

[18] Departamento de Astronomía, Universidad de Wisconsin-Madison, Madison 53706 (Wisconsin), EE.UU.

[19] Universidad de la Costa Azul, Observatorio de la Costa Azul, CNRS, Laboratorio Lagrange, F-06108 Niza (Francia)

[20] Instituto de Ciencias de Exoplanetas de la NASA/IPAC, Laboratorio de Propulsión a Chorro, Instituto Tecnológico de California, 1200 East California Boulevard, Pasadena 91125 (California), EE.UU.

[21] Agencia Espacial Europea, Instituto de Ciencias del Telescopio Espacial, 3700 San Martin Drive, Baltimore 21218 (Maryland), EE.UU.

[22] KBR, 7701 Greenbelt Road, Greenbelt 20770 (Maryland), EE.UU.

[23] Centro del Amanecer Cósmico (DAWN), Instituto Niels Bohr, Universidad de Copenhague, Jagtvej 128, DK-2200 (Dinamarca)

[24] Adnet Systems, Inc., 6720B Rockledge Drive, Suite # 504, Bethesda 20817 (Maryland), EE.UU.

[25] Laboratorio AIM París-Saclay, CEA-IRFU/SAp, CNRS, Universidad de París Diderot, F-91191 Gif-sur-Yvette (Francia)

[26] Instituto Max Planck de Astronomía, Königstuhl 17, D-69117 Heidelberg (Alemania)

[27] Observatorio de Leiden, Universidad de Leiden, PO Box 9513, 2300 RA Leiden (Países Bajos)

[28] Laboratorio de Propulsión a Chorro, Instituto Tecnológico de California, 4800 Oak Grove Drive, Pasadena 91109 (California), EE.UU.

[29] Departamento de Física, Universidad de Oxford, Denys Wilkinson Building, Keble Road, Oxford OX1 3RH (Reino Unido)

[30] Universidad de la Sorbona, UPMC-CNRS, UMR7095, Instituto de Astrofísica de París, F-75014 París (Francia)

[31] Sede central de la NASA, 300 E Street SW, Washington, DC 20546 (EE.UU.)

[32] Centro de Astrofísica, 60 Garden Street, Cambridge 02138 (Massachusetts), EE.UU.

[33] Moog Space and Defense Group, 5025 North Robb Street, Suite 500, Arvada 80033 (Colorado), EE.UU.

[34] Universidad de París-Saclay, Universidad de París, CEA, CNRS, AIM, F-91191 Gif-sur-Yvette (Francia)

[35] LERMA (CNRS) y Observatorio de París, París (Francia)

[36] Agencia Espacial Europea, Centro Espacial de la Guayana, BP816 - Route Nationale 1, 97388 Kourou CEDEX, Guayana Francesa (Francia)

[37] Centro Nacional de Estudios Espaciales, Direction des Lanceurs, 52 rue Jacques Hillairet, F-75612 París CEDEX (Francia)

[38] Centro Tecnológico de Astronomía del Reino Unido, Real Observatorio de Edimburgo, Blackford Hill, Edimburgo EH9 3HJ (Reino Unido)

[39] The Observatories, Instituto Carnegie de Ciencias, 813 Santa Barbara Street, Pasadena 91101 (California), EE.UU.

[40] Agencia Espacial Canadiense, 6767 Route de l'Aéroport, Saint-Hubert J3Y 8Y9 (Quebec), Canadá

[41] RAL Space, STFC, Laboratorio Rutherford Appleton, Harwell, Oxford, Didcot OX11 0QX (Reino Unido)

[42] NRC Herzberg, 5071 West Saanich Road, Victoria V9E 2E7 (Columbia Británica), Canadá

[43] Centro de Tecnología Avanzada de Lockheed Martin, 3251 Hanover Street, Palo Alto 94304 (California), EE.UU.

[44] Agencia Espacial Europea, Centro Europeo de Operaciones Espaciales, Robert-Bosch-Strasse 5, D-64293 Darmstadt (Alemania)

[45] Observatorio Internacional TMT, 100 W. Walnut Street, Suite 300, Pasadena 91124 (California), EE.UU.

[46] Escuela Politécnica Federal de Zúrich, Wolfgang-Pauli-Str 27, CH-8093 Zúrich (Suiza)

[47] Centro de Investigación Ames de la NASA, División de Ciencias del Espacio y Astrobiología, MS 245-6, Moffett Field 94035 (California), EE.UU.

[48] DTU Space, Universidad Técnica de Dinamarca, Building 328, Elektrovej, DK-2800 Kgs. Lyngby (Dinamarca)

[49] Departamento de Astrofísica, Universidad de Viena, Türkenschanzstr 17, A-1180 Viena (Austria)

[50] Associated Universities for Research in Astronomy, Inc., 1331 Pennsylvania Avenue Northwest, Suite 1475, Washington, DC 20004 (EE.UU.)

[51] Instituto de Astronomía, 640 North Aohoku Place, Hilo 96720 (Hawái), EE.UU.

[52] UCO/Observatorio Lick, Universidad de California, Santa Cruz 95064 (California), EE.UU.

[53] Departamento de Astronomía, Universidad de Texas en Austin, RLM 16.342, Austin 78712 (Texas), EE.UU.

[54] Departamento de Astronomía, Universidad de Cornell, Ithaca 14853 (Nueva York), EE.UU.

[55] Departamento de Física y Astronomía, Universidad de Victoria, Victoria V8P 5C2 (Columbia Británica), Canadá

[56] Departamento de Espacio, Tierra y Medio Ambiente, Universidad Tecnológica Chalmers, Observatorio Espacial de Onsala, SE-43992 Onsala (Suecia)

[57] Laboratorio de Física Aplicada, Universidad Johns Hopkins, 11100 Johns Hopkins Road, Laurel 20723 (Maryland), EE.UU.

[58] Departamento de Física y Astronomía, Universidad Johns Hopkins, 3400 North Charles Street, Baltimore 21218 (Maryland), EE.UU.

[59] Escuela de Física Cósmica, Instituto de Estudios Avanzados de Dublín, 31 Fitzwilliam Place, Dublín 2, D02 XF86 (Irlanda)

[60] Telespazio UK para la Agencia Espacial Europea, ESAC, Camino Bajo del Castillo s/n, E-28692 Villanueva de la Cañada, Madrid (España)

[61] Observatorio Gemini/NSF NOIRLab, 950 North Cherry Avenue, Tucson 85719 (Arizona), EE.UU.

[62] Blue Canyon Technologies, 5330 Airport Road, Boulder 80301 (Colorado), EE.UU.

[63] Aurora Technology para la Agencia Espacial Europea, ESAC, Madrid (España)

[64] HelioSpace Inc., 932 Parker Street, Suite 2, Berkeley 94710 (California), EE.UU.

[65] Laboratorio Cavendish, Universidad de Cambridge, 19 J. J. Thomson Avenue, Cambridge CB3 0HE (Reino Unido)

[66] Institute Kavli de Cosmología, Universidad de Cambridge, Madingley Road, Cambridge CB3 0HA (Reino Unido)

[67] Instituto Canadiense de Astrofísica Teórica, Universidad de Toronto, Laboratorios Físicos McLennan, 60 Saint George Street, Toronto M5S 3H8 (Ontario), Canadá; 4 *Publications of the Astronomical Society of the Pacific*, 135:068001 (24 pp), 2023 June Gardner *et al.*

[68] Departamento de Astronomía, Universidad de Míchigan, Ann Arbor 48109 (Míchigan), EE.UU.

[69] Quantum Circuits, Inc., New Haven (Connecticut), EE.UU.

[70] Instituto Kapteyn de Astronomía, Universidad de Groninga, PO Box 800, 9700 AV Groninga (Países Bajos)

[71] Vantage Systems Inc, Greenbelt 20706 (Maryland), EE.UU.

[72] Howard Community College, Columbia 21044 (Maryland), EE.UU.

[73] Departamento de Astronomía, Centro Oskar Klein, Universidad de Estocolmo, SE-106 91 Estocolmo (Suecia)

[74] Departamento de Física y Astronomía, Universidad de Rochester, Rochester 14627 (Nueva York), EE.UU.

[75] Universidad de Grenoble Alpes, CNRS, IPAG, F-38000 Grenoble (Francia)

[76] Katherine Johnson IV&V Facility, Centro de Vuelo Espacial Goddard, Code 180, Greenbelt 20771 (Maryland), EE.UU.

[77] Departamento de Física y Astronomía, Universidad de Bishop, Sherbrooke J1M 1Z7 (Quebec), Canadá

[78] Facultad de Física y Astronomía, Centro de Investigaciones Espaciales, Universidad de Leicester, Space Park Leicester, 92 Corporation Road, Leicester LE4 5SP (Reino Unido)

[79] Instituto de Astrofísica Computacional y Departamento de Astronomía y Física, Universidad de Santa María, 923 Robie Street, Halifax B3H 3C3 (Nueva Escocia), Canadá

[80] Asociación de Investigación Espacial en Universidades, 425 3rd Street Southwest, Suite 950, Washington, DC 20024 (EE.UU.)

[81] Departamento de Astrofísica, Museo Americano de Historia Natural, 79th Street at Central Park West, Nueva York 10024 (Nueva York), EE.UU.

[82] Departamento de Historia y Cultura Clásica, Universidad de Alberta, Edmonton (Alberta), Canadá

[83] Universidad de Princeton, 4 Ivy Lane, Princeton 08544 (Nueva Jersey), EE.UU.

[84] Laboratorio Nacional de Investigación para la Astronomía Óptica-Infrarroja, 950 North Cherry Avenue, Tucson 85719 (Arizona), EE.UU.

[85] Facultad de Exploración de la Tierra y el Espacio, Universidad Estatal de Arizona, Tempe 85287-1404 (Arizona), EE.UU.

[86] AURA para la Agencia Espacial Europea (ESA), Oficina de la ESA, Instituto de Ciencias del Telescopio Espacial, 3700 San Martin Drive, Baltimore 21218 (Maryland), EE.UU.

[87] Jubilados

[88] Fallecidos

*Notas**

Se estima que 20 000 personas trabajaron en el telescopio espacial James Webb desde los inicios del proyecto en los años 80 hasta su entrada en servicio en julio de 2022. El número estimado de horas de trabajo asciende a 100 millones. El Webb envía a la Tierra todos los días 50 gigabytes de datos (50 000 millones de unidades de información, ya sea una palabra o un número). Los resultados obtenidos en el breve tiempo que el Webb lleva funcionando son abrumadores incluso para los científicos. Si alguien les pregunta qué es lo más importante que se ha conseguido en sus campos de especialización, la respuesta más habitual es *no sabría por dónde empezar*.

De todo ello se deduce que este libro no puede ser exhaustivo. Eso sí, aspiro a que sea representativo: representativo del trabajo intelectual y físico (y emocional) realizado en las cuatro últimas décadas, pero también de los resultados logrados por el Webb a una velocidad poco menos que incomprensible y en un volumen difícil de asimilar.

En un intento de hacer que el libro resulte comprensible y asimilable, he concebido cada capítulo como una combinación de tres componentes. Una breve descripción de cada uno de esos componentes ayudará a entender mejor las notas que siguen.

El primer componente de cada capítulo está relacionado con las experiencias personales de uno o más científicos. Los nombres de esas personas aparecen en negrita (y lo mismo ocurre con los entrevistados).

El segundo componente es la ciencia. Al igual que las personas que marcan la línea narrativa de cada capítulo, los resultados científicos son ejemplos de los descubrimientos realizados con el Webb. Las fuentes de esos resultados merecen ser citadas en estas notas, sin olvidar que son solo una pequeña muestra de un esfuerzo colectivo mucho más amplio.

El tercer componente de los capítulos es el contexto histórico: una breve historia de las investigaciones que definen lo que es hoy la cosmología y que, por tanto, también han contribuido a definir las ambiciones intelectuales

---

* Las referencias seleccionadas por el autor están todas en inglés. El lector que desee más información sobre el telescopio espacial James Webb en español puede consultar, por ejemplo, la página web https://webbtelescope.org/recursos-en-espanol o el libro *El telescopio espacial James Webb* de Almudena Alonso Herrero (Los libros de la Catarata, Madrid, 2023) *(N. del T.)*.

y tecnológicas del Webb. Estas fuentes no aparecen en las notas. Son demasiado numerosas para citarlas o incluso para recordarlas, ya que este componente es una amalgama de todo lo que he investigado para escribir varios libros. En una ocasión escuché la diatriba de un amigo periodista contra los autores que se citan a sí mismos, así que prefiero no caer en ese error (aunque solo sea para evitar las burlas de otros escritores en los bares). En cualquier caso, los lectores que sientan curiosidad por la historia y la filosofía de la astronomía, la astrofísica y la cosmología pueden consultar algunos de mis otros libros.

Por último, hay dos páginas web que son imprescindibles para quienes deseen explorar el Webb por sí mismos: https://webbtelescope.org/home y https://www.stsci.edu/jwst. También se puede obtener más información sobre el Instituto de Ciencias del Telescopio Espacial en https://www.stsci.edu/.

Prólogo

Inicio: **Dan Coe; Rebecca Larson**

La presentación del Webb en la Casa Blanca se puede ver en https://www.youtube.com/watch?v=ySaIPoHisRg.

Capítulo 1: Visión

El éxito tiene muchos padres, pero el fracaso es huérfano. Esta máxima resume la opinión de varios de los entrevistados acerca de cuál fue el «verdadero» origen del telescopio Webb: las primeras conversaciones mantenidas en los años 80 o el nuevo impuso que recibió el proyecto en los 90. **Garth Illingworth** y **Alan Dressler** ejemplifican las dos versiones predominantes; lo que aparece en el libro refleja información que es de dominio público, pero indicando cómo la interpreta cada uno de ellos.

La referencia del artículo de Giacconi es Riccardo Giacconi *et al.*, «Evidence for X-Rays from Sources Outside the Solar System», *Physical Review Letters* 9 (1 de diciembre de 1962).

El informe final del Comité de Ciencias del Espacio fue publicado por el Consejo Nacional de Investigación como *Space Science in the Twenty-First Century: Imperatives for the Decades 1995 to 2015* (National Academy Press, Washington D. C., 1988).

La charla de Illingworth en Baltimore se puede consultar en D. McNally (ed.), *Highlights of Astronomy 8* (Kluwer Academic Publishers, Dordrecht, 1989).

Se puede ver más información sobre el seminario celebrado en 1989 en el Instituto de Ciencias del Telescopio Espacial en Pierre-Yves Bely, Christopher J. Burrows y Garth D. Illingworth (eds.), *The Next Generation Space Telescope: Proceedings of a Workshop Held at the Space Telescope Science Institute, Baltimore, Maryland, 13-15 September 1989* (Instituto de Ciencias del Telescopio Espacial, Baltimore, 1989).

El contexto de las declaraciones de George H. W. Bush sobre el regreso a la Luna se puede consultar en el informe del Consejo Nacional de Investigación *NASA's Strategic Direction and the Need for a National Consensus* (National Academies Press, Washington D. C., 2012).

Se puede encontrar más información sobre astronomía de infrarrojos en el contexto del Webb en la página https://webbtelescope.org/webb-science/the-observatory/infrared-astronomy.

La imagen original del campo profundo del Hubble de 1995 se describe en https://hubblesite.org/contents/articles/hubble-deep-fields.

Capítulo 2: Misión

El momento en que Dan Goldin se dirige a Alan Dressler durante el congreso de la Sociedad Astronómica Estadounidense en enero de 1996 aparece descrito en muchos lugares, como David S. Leckrone, *Life with Hubble: An Insider's View of the World's Most Famous Telescope* (IOP Publishing, Bristol, 2020). (También: **Alan Dressler**)

Información sobre la misión desde alrededor de 1996 hasta después del lanzamiento: **Torsten Böker; Dan Coe; Alan Dressler; Ori Fox; Garth Illingworth; Mike Menzel; Brian O'Sullivan; Marcia J. Rieke; Massimo Stiavelli**.

El informe del comité *Más allá del Hubble* está disponible en Alan Dressler (ed.), *HST and Beyond: Exploration and the Search for Origins: A Vision for Ultraviolet-Optical-Infrared Space Astronomy* (Asociación de Universidades para la Investigación Astronómica, Washington D. C., 1996).

Las conclusiones del grupo de trabajo científico se exponen en Jonathan P. Gardner *et al.*, «The James Webb Space Telescope», *Space Science Reviews* 123 (2006).

La situación de la planificación científica del Webb hasta 2008 se explica en Harley A. Thronson, Massimo Stiavelli y Alexander Tielens, (eds.), *Astrophysics in the Next Decade: The James Webb Space Telescope and Concurrent Facilities* (Springer, Dordrecht, 2009).

Se puede ver más información sobre la historia y la construcción del Webb en Chris Gunn y Christopher Wanjek, *Inside the Star Factory: The Creation of the James Webb Space Telescope, NASA's Largest and Most Powerful Space Observatory* (MIT Press, Cambridge, 2023).

Carta de Barbara A. Mikulski a Charles Bolden del 29 de junio de 2010: por cortesía de Garth Illingworth

Carta de Charles F. Bolden, Jr. a Barbara A. Mikulski del 21 de julio de 2010: por cortesía de Garth Illingworth

«Términos de referencia (TDR) para el panel de revisión independiente y exhaustiva del telescopio espacial James Webb, 15 de julio de 2010»: por cortesía de Garth Illingworth

Más información sobre la crisis del Webb en octubre de 2010 en Lee Billings, «Space Science: The Telescope That Ate Astronomy», *Nature* (27 de octubre de 2010)

El «Informe final del panel de revisión independiente y exhaustiva del telescopio espacial James Webb» se puede consultar en http://www.nasa.gov/wp-content/uploads/2015/01/499224main_jwst-icrp_report-final.pdf?emrc=da04aa.

La carta de presentación del panel de revisión independiente y exhaustiva enviada por John R. Casani a Charles Bolden el 5 de noviembre de 2010 se puede ver en http://www.nasa.gov/wp-content/uploads/2015/01/499276main_casani_letter.pdf.

La «Respuesta detallada de la NASA al informe final del panel de revisión independiente y exhaustiva del telescopio espacial James Webb» está en http://www.webb.nasa.gov/resources/JamesWebbSpaceTelescope IndependentComprehensiveReviewPanelReport.pdf.

El informe que la Oficina de Auditoría General del gobierno estadounidense presentó en febrero de 2018 a los comités del Congreso está disponible en *James Webb Space Telescope Integration and Test Challenges Have Delayed Launch and Threaten to Push Costs over Cap*, https://www.gao. gov/assets/700/690693.pdf.

Lo que ocurrió en los días previos al lanzamiento se describe en Marina Koren, «The Most Exciting Spot in the Cosmos Right Now Is French Guiana», *The Atlantic* (23 de diciembre de 2021), https://www.theatlantic. com/science/archive/2021/12/james-webb-space-telescope-launch-french-guiana/621109/.

Las sensaciones de los científicos del Webb después del lanzamiento se reflejan en Dennis Overbye y Joey Roulette, «A Giant Telescope Grows in Space», *New York Times* (8 de enero de 2022).

Capítulo 3: Primer horizonte

Inicio y resto del capítulo: **Heidi Hammel**

Información sobre el estudio del sistema solar con el Webb: **Imke de Pater; Stefanie Millam; John Stansberry; Cristina Thomas**

Más información sobre Hammel en Fred Bortz, *Beyond Jupiter: The Story of Planetary Astronomer Heidi Hammel* (Joseph Henry Press, Washington, DC, 2005)

La conferencia de prensa de 1994 sobre el cometa Shoemaker-Levy 9 se puede ver en https://ntrs.nasa.gov/citations/19990116991.

Se puede encontrar más información sobre espectroscopía en el contexto del Webb en la página https://webbtelescope.org/contents/articles/ spectroscopy-101--invisible-spectroscopy.

La colisión DART se explica en Tereza Pultarova, «James Webb Space Telescope Pushed Past Its Limits to Observe DART Asteroid Crash», Space. com (8 de febrero de 2023), https://www.space.com/dart-impact-forces-webb-through-limit.

Encélado: **Gerónimo Villanueva**

Para ver más información sobre Encélado se puede consultar Ron Cowen, «Giant Plume Spotted Erupting from Moon of Saturn Might Contain Ingredients for Life», *Science* (30 de mayo de 2023), https://www.science.org/content/article/giant-plume-spotted-erupting-moon-saturn-might-contain-ingredients-life, y Alexandra Witze, «JWST Spots Biggest Water Plume Yet Spewing from a Moon of Saturn», *Nature* (18 de mayo de 2023), https://www.nature.com/articles/d41586-023-01666-x.

Capítulo 4: Segundo horizonte

Inicio y resto del capítulo: **Nikku Madhusudhan**

Información sobre el estudio de exoplanetas con el Webb: **Néstor Espinoza; Nikku Madhusudhan**

Se puede ver información sobre el congreso «El primer año del telescopio espacial James Webb» en la página https://www.stsci.edu/contents/events/stsci/2023/september/the-first-year-of-jwst-science-conference.

El artículo de Madhusudhan se puede ver en Nikku Madhusudhan *et al.*, «Carbon-Bearing Molecules in a Possible Hycean Atmosphere» (2023), https://arxiv.org/abs/2309.05566.

La adquisición y el procesamiento de imágenes del Webb se explican en el vídeo «The Art and Science of Webb Imagery», disponible en https://www.youtube.com/watch?v=dJX0RAyuqos.

Más información sobre L1527 en Sarah Kuta, «James Webb Captures a Protostar in a Fiery Hourglass», smithsonianmag.com (17 de noviembre de2022), https://www.smithsonianmag.com/smart-news/james-webbs-captures-a-protostar-in-a-fiery-hourglass-180981149.

La observación de agua en un disco protoplanetario se anunció en Andrea Banzatti *et al.*, «JWST Reveals Excess Cool Water Near the Snow Line in Compact Disks, Consistent with Pebble Drift», *Astrophysical Journal Letters* 957 (2023).

Las observaciones de Camaleón I se publicaron en M. K. McClure *et al.*, «An Ice Age JWST Inventory of Dense Molecular Cloud Ices», Nature Astronomy 7 (2023).

Más información sobre HIP 65426 b en Aarynn L. Carter *et al.*, «The JWST Early Release Science Program for Direct Observations of Exoplanetary Systems I: High Contrast Imaging of the Exoplanet HIP 65426 b from 2-16 µm» (2023), https://arxiv.org/abs/2208.14990.

Capítulo 5: Tercer horizonte

Inicio y resto del capítulo: **Ori Fox**

Información sobre el estudio de galaxias con el Webb: **Richard Ellis; Ori Fox; Svea Hernández; Nora Lützgendorf; Adam Riess**

Más información sobre supernovas en NGC 6946 en Melissa Shahbandeh *et al.*, «JWST Observations of Dust Reservoirs in Type IIP Supernovae 2004et and 2017eaw», *Monthly Notices of the Royal Astronomical Society* 523 (2023)

Más información sobre los primeros resultados de PHANGS en «PHANGS-JWST First Results», *Astrophysical Journal Letters* 944 (2023), https://iopscience.iop.org/collections/2041-8205_PHANGS-JWST-First-Results

Más información sobre las observaciones de la estrella de neutrones en el centro de 1987A en Daniel Clery, «Stellar Remains of Famed 1987 Supernova Found at Last», *Science* (22 de febrero de 2024) y C. Fransson *et al.*, «Emission Lines Due to Ionizing Radiation from a Compact Object in the Remnant of Supernova 1987A», *Science* 383 (2024).

Capítulo 6: Horizonte final

Inicio y resto del capítulo: **Dan Coe; Rebecca Larson**

Información sobre el estudio del universo primigenio con el Webb: **Dan Coe; Andrey Kravtsov; Rebecca Larson; Mike Menzel; Rogier Windhorst**

Más información sobre el congreso de la Sociedad Astronómica Estadounidense en enero de 2023 en https://aas.org/meetings/aas241

Más información sobre la observación de MACS0647-JD con el telescopio espacial Hubble en Dan Coe *et al.*, «CLASH: Three Strongly Lensed Images of a Candidate z ~ 11 Galaxy», Astrophysical Journal 762 (2012)

Más información sobre la observación de MACS0647-JD con el Webb en Tiger Yu-Yang Hsiao *et al.*, «JWST Reveals a Possible z ~ 11 Galaxy Merger in Triply Lensed MACS0647-JD», *Astrophysical Journal Letters* 949 (2023) y Tiger Yu-Yang Hsiao *et al.*, «JWST NIRSpec Spectroscopy of the Triplylensed z = 10.17 galaxy MACS0647-JD», *Astrophysical Journal*, aceptado (2024)

El debate sobre si el Webb ha roto la cosmología se trata en Rebecca Boyle, «No, the James Webb Space Telescope Hasn't Broken Cosmology», Wired.com (26 de septiembre de 2023), https://www.wired.com/story/no-the-james-webb-space-telescope-hasnt-broken-cosmology/.

Más información sobre nitrógeno en la galaxia NGC- z11 en Chiaki Kobayashi y Andrea Ferrara, «Rapid Chemical Enrichment by Intermittent Star Formation in GN-z11», *Astrophysical Journal Letters* 962 (2024).

Epílogo

La información sobre el simposio «Sistemas planetarios y los orígenes de la vida en la era del telescopio espacial James Webb» se puede consultar en https://www.stsci.edu/contents/events/stsci/2023/may/planetary-systems-and-the-origins-of-life-in-the-era-of-jwst?timeframe=past&timeframe=past&timeframe=past&timeframe=past&page=4&filterUUID=24ba27ed-9d32-4e90-aad8-3ee1a1784ae8.

Agradecimientos

Mis más sinceras gracias a Bruce Nichols, cuya visión me sirvió de inspiración para este libro. Muchas gracias también al extraordinario editor que es Alexander Littlefield, quien llevó el timón de esta misión durante sus particulares «seis meses de terror» (hay que leer el libro para entender la referencia). Tampoco quiero olvidarme de mi nuevo agente David Granger, poseedor de una arcana erudición. Me pregunto por qué no está Katya Rice en el salón de la fama de los editores (y no, el hecho de que no exista no es una excusa). Un agradecimiento muy especial a Lee Billings, Ron Cowen, Clara Moskowitz, Nicholas Suntzeff y Christopher Wanjek por sus ideas y consejos. También estoy muy agradecido a todo el equipo de la editorial: Linda Arends, Kay Banning, Erin Cain, Bryan Christian, Allan Fallow, Deborah Jacobs, Pat Jalbert-Levine, Gregg Kulick, Gabrielle Leporati, Laura Mamelok y Morgan Wu. Agradezco el apoyo recibido del Fondo para el Desarrollo del Profesorado en Goddard College. Y, por supuesto, toda mi gratitud para las personas a las que entrevisté para este libro. Sus nombres figuran en la sección de Notas y a ellos hay que añadir los de cientos de expertos y científicos que, con sus conferencias, publicaciones y breves charlas de pasillo o cafetería, me han sido de gran ayuda.

El autor

Richard Panek es autor de numerosos libros. Uno de ellos, *The 4% Universe: Dark Matter, Dark Energy, and the Race to Discover the Rest of Reality*, le valió el premio a la comunicación científica del Instituto Estadounidense de Física. También ha recibido una beca Guggenheim de divulgación científica, entre otras distinciones. Panek colaboró con Temple Grandin en el libro *The Autistic Brain*, publicado en España como *El cerebro autista*. Sus libros han sido traducidos a dieciséis idiomas. Ha colaborado con publicaciones como el *New York Times*, el *Washington Post*, *Scientific American*, *Smithsonian*, *Natural History* o *Esquire*. Vive en Nueva York.

Créditos de ilustraciones

Imágenes en color

89 (Primer campo profundo del Webb): NASA, ESA, CSA, STScI

90-91 (Júpiter): NASA, ESA, Jupiter ERS; tratamiento de imagen por Ricardo Hueso (UPV/EHU) y Judy Schmidt

92-93 (Nacimiento de estrella): ESA/Webb, NASA, CSA, T. Ray (Instituto de Estudios Avanzados de Dublín)

94-95 (Acantilados cósmicos): NASA, ESA, CSA, STScI

96-97 (Pilares de la Creación, partes I y II): NASA, ESA, CSA, STScI; Joseph DePasquale (STScI), Anton M. Koekemoer (STScI), Alyssa Pagan (STScI)

98,99 (Polvo): ESA/Webb, NASA & CSA, M. Meixner

100, 101 (Galaxias espirales): NASA, ESA, CSA, STScI, Janice Lee (STScI), Thomas Williams (Oxford), PHANGS, Elizabeth Wheatley (STScI)

102 (Quinteto de Stephan): NASA, ESA, CSA, STScI

103 (Fusión galáctica): ESA/Webb, NASA & CSA, L. Armus, A. Evans; Hubble Heritage (STScI/AURA)-ESA/Hubble

104 (Lente gravitatoria): ESA/Webb, NASA & CSA, J. Rigby, JWST TEMPLATES

Diseño del cuadernillo en color: Richard Panek

Imágenes en blanco y negro

60 NASA/ESA/CSA

62,63 NASA/STScI

85 NASA, ESA, CSA, STScI, G. Villanueva (Centro de Vuelo Espacial Goddard de la NASA); tratamiento de imagen por A. Pagan (STScI)

88 NASA, ESA, CSA, STScI

116 NASA, ESA, CSA, STScI

135 NASA, ESA, CSA, Ori D. Fox (STScI), Michael Dulude (STScI)

147 Rebecca Larson (RIT/Universidad de Texas en Austin); Tiger Yu-Yang Hsiao *et al., Astrophysical Journal*

153 NASA/WMAP Science Team

Guía a las fotografías en color

Página 89

El campo profundo del Webb. Esta imagen hizo que la opinión pública empezara a ser consciente de lo que podía hacer el Webb. Los ocho objetos con rayos luminosos son estrellas situadas en primer plano. Todos los demás son galaxias, algunas de las cuales se remontan a los primeros 1000 millones de años del universo. Las décadas anteriores a la entrada en servicio del Webb se narran en el prólogo y en los capítulos 1 y 2. Las páginas 17 y 67 contienen más información sobre las primeras imágenes del Webb que se hicieron públicas.

Páginas 90-91

¡Por Júpiter! Esta imagen del gigante gaseoso muestra con toda nitidez varias características no solo de Júpiter, sino también de lo que hay cerca de él. En los polos norte y sur se ven las auroras del planeta, pero también fuera del disco de Júpiter puede apreciarse la difracción de la luz que causan esas auroras. Aunque débiles, los anillos del planeta son claramente visibles a izquierda y derecha. A la izquierda se ven también dos de los satélites de Júpiter: Adrastea (en el extremo de los anillos) y Amaltea (un poco más a la izquierda). La Gran Mancha Roja de Júpiter, una tormenta más del doble de ancha que la Tierra, aparece en blanco debido a los filtros y colores elegidos. Un análisis detallado de los datos del Webb permitió a los astrónomos descubrir un chorro de gran velocidad y más de 4800 kilómetros de anchura por encima de las nubes que cubren el ecuador del planeta. La astronomía del sistema solar y las contribuciones del Webb en ese campo se describen en el capítulo 3. La página 82 contiene más información sobre Júpiter en particular.

LOS PILARES DE LA CREACIÓN

Ha nacido una estrella. Esta imagen del nacimiento de un sistema estelar a unos 1000 años luz de la Tierra muestra cómo pudo ser la infancia del Sol y su sistema planetario. Los violentos procesos que tienen lugar cuando nace una estrella pueden generar vientos estelares o chorros de gas que colisionan con polvo y gas, provocando fenómenos tan espectaculares como los arcos de choque que se observan en esta fotografía. La astronomía de nuestra galaxia y las contribuciones del Webb en ese campo se describen en el capítulo 4. La página 110 contiene más información sobre protoestrellas en particular.

Páginas 94-95

Acantilados cósmicos. Esta imagen compuesta, otra de las primeras del Webb que se dieron a conocer, muestra una parte de la nebulosa de la Quilla, que es un ejemplo de lo que los astrónomos llaman una «factoría estelar», una región donde nacen estrellas a gran velocidad. Esta factoría se encuentra a 7600 años luz de la Tierra. La página 136 contiene más información sobre el nacimiento de estrellas en nuestra galaxia.

Página 96

Los Pilares de la Creación (parte I). La imagen que el telescopio espacial Hubble obtuvo en 1995 de esta factoría estelar, situada a unos 6500 años luz de la Tierra, se hizo muy popular con el nombre de «los Pilares de la Creación». Cuando volvieron a explorar la misma región con el Webb, los astrónomos usaron varios filtros que correspondían a longitudes de onda específicas en el espectro electromagnético a las que asignaron colores, como se ve en esta página y en la siguiente. Las páginas 119-121 contienen más información sobre cómo se tratan las imágenes del Webb.

Página 97

Los Pilares de la Creación (parte II). La versión de la imagen que llegó al público es el resultado del uso de seis filtros y otros tratamientos con fines estéticos y científicos. Se pueden apreciar antiguas protoestrellas que han alcanzado la fase de fusión de hidrógeno (por lo que ya se consideran oficialmente como «estrellas») en los brillantes puntos rojos que hay en las «puntas de los dedos» de los pilares, que hacen que la imagen recuerde mucho a E.T.

Páginas 98-99

Polvo por todas partes. El espacio «vacío» no está realmente vacío, sino lleno de polvo y otros materiales que pueden dar lugar a estrellas, planetas o incluso formas de vida, como se observa en esta imagen de la galaxia NGC 6822, a 1,5 millones de años luz de la Tierra. La astronomía de las galaxias más allá de la Vía Láctea y las contribuciones del Webb en ese campo se describen en el capítulo 5. Las páginas 130-138 contienen más información sobre la relación entre polvo y evolución galáctica.

Páginas 100-101

Los múltiples rostros de las galaxias espirales. El proyecto «Física a alta resolución angular en galaxias cercanas» (PHANGS) utilizó el Webb para continuar sus observaciones (parte de ellas con el telescopio espacial Hubble) de diecinueve galaxias, todas espirales pero cada una de ellas con una estructura distinta. Las páginas 137-138 contienen más información sobre PHANGS.

Página 102

El Quinteto de Stephan. Este mosaico, incluido también entre las primeras imágenes publicadas del Webb, contiene 150 millones de píxeles y 1000 ficheros de imágenes obtenidas con la cámara de infrarrojo cercano y el instrumento de infrarrojo medio del Webb. La galaxia de la izquierda está a unos 40 millones de años luz de la Tierra, mientras que las otras cuatro se encuentran aproximadamente a 290 millones de años luz. Los amantes del cine reconocerán este grupo de galaxias porque aparece al principio de la película *Qué bello es vivir*, donde sirve de fondo para una conversación entre Dios y sus ángeles. Las páginas 134-137 contienen más información sobre la evolución de las galaxias.

Página 103

La gravedad al poder. Como todo lo que hay en el universo, las galaxias interactúan a través de la gravedad y las consecuencias pueden llegar a ser espectaculares. Estas dos galaxias se están fusionando a unos 500 millones de años luz de la Tierra, en la constelación del Delfín.

Página 104

Trucos de la luz. Los astrónomos utilizan lentes gravitatorias (predichas por la teoría de la relatividad general de Einstein) para estudiar objetos del universo primigenio. La enorme masa de un objeto en primer plano, como un cúmulo de galaxias, aumenta y multiplica las imágenes de un objeto situado en segundo plano que, en otras circunstancias, no solo estaría «detrás» del cúmulo, sino incluso fuera del alcance del Webb. También en el campo profundo del Webb se pueden ver muchos ejemplos de estos característicos arcos. La astronomía del universo primigenio y las contribuciones del Webb en ese campo se describen en el capítulo 6. Las páginas 146 y 161 contienen más información sobre lentes gravitatorias en particular.